U0457378

变电站"一键顺控"改造技术

黄国良　李传才　主　编
朱凯元　韩筱慧　金　盛　副主编

中国电力出版社
CHINA ELECTRIC POWER PRESS

内 容 提 要

本书立足"一键顺控"改造技术的推广要求和相关实践基础，系统全面梳理变电站"一键顺控"改造技术所需掌握的相关变电专业知识，根据工程实践和文件要求，将现场所需的运维专业基础，相关的一、二次专业知识原理进行针对性讲解。全书共五章，分别为概述、"一键顺控"基本原理及技术路线、"一键顺控"施工管理、"一键顺控"设备运维检修管理和工程案例。本书有助于帮助现场工作人员扎实彻底的掌握"一键顺控"改造基本原理、基本要求，提升一线运维人员的技术改造和风险预控能力，为推进变电站"一键顺控"改造能力的提升和两个替代工作的开展提供人才和技术保障。

本书内容新颖、语言通俗、实用性强、突出理论和实践的结合，可供电力企业运行管理人员和技术人员使用，也可供其他相关专业人员学习参考。

图书在版编目（CIP）数据

变电站"一键顺控"改造技术 / 黄国良，李传才主编；朱凯元，韩筱慧，金盛副主编. -- 北京：中国电力出版社，2025. 4. -- ISBN 978-7-5198-9511-2

Ⅰ. TM63

中国国家版本馆 CIP 数据核字第 2024P7R306 号

出版发行：中国电力出版社

地 址：北京市东城区北京站西街 19 号（邮政编码 100005）

网 址：http://www.cepp.sgcc.com.cn

责任编辑：邓慧都（010-63412636）

责任校对：黄 蓓 王小鹏

装帧设计：王红柳

责任印制：石 雷

印 刷：廊坊市文峰档案印务有限公司

版 次：2025 年 4 月第一版

印 次：2025 年 4 月北京第一次印刷

开 本：787 毫米×1092 毫米 16 开本

印 张：6.5

字 数：146 千字

定 价：36.00 元

编 委 会

　　"十四五"期间，国家电网有限公司现代设备管理体系加速建成，推进"一键顺控"建设与应用面临新形势、新任务、新挑战。为加快一键顺控建设与应用，保障工作规范、推进有序，其中2022年国家电网有限公司开展了4期评审会，指导27家省级电力公司高质量完成"一键顺控"建设应用规划，为"一键顺控"规范化建设、规模化应用打下基础。

　　"一键顺控"可将大量烦琐重复的传统人工倒闸操作转变成既定流程的远程一键操作，变电站值班人员只需要一键确认，所有操作流程就会按照顺序自动执行。单间隔操作从分钟级缩短至秒级，既能避免因人工现场操作存在的安全风险，也能大幅缩短停送电时间，显著提升运检工作效率。

　　2022年，国家电网有限公司创新应用现代设备管理理念，构建"一键顺控"操作新模式，印发《关于推进变电站一键顺控建设与应用的意见》，确定了工作思路和目标，提出"坚持安全可靠、统筹规划、分类施策、应用驱动"工作原则，统筹推进"一键顺控"建设应用。国家电网有限公司坚持220kV及以上在运变电站"一键顺控""能改则改"，预计到"十四五"末，220kV及以上、110kV及以下在运变电站"一键顺控"应用比例将分别达95%和55%。

　　据了解，国家电网有限公司将在前期工作的基础上继续加强组织领导，健全工作机制，严格落实"一键顺控"改造目标，加大运维人员"一键顺控"操作培训力度，严格验收管控，明确操作措施，按照"改造一个、验收一个、上线一个"的原则，推进在运变电站"一键顺控"上线应用，提高基层班组一键顺控操作覆盖率，加快推动现代设备管理体系建设和数字化转型，推动构建新型电力系统。

　　随着"一键顺控"工作的大力推进和全面改造，基层班组人员的改造水平得到了一定的提升，"一键顺控"改造工作涉及变电运维、保护、自动化、一次检修等，但是作为一项新型的推广技术，目前现场人员对"一键顺控"改造的技能掌握存在较多不足，前期的一些改造经验和要求也急需总结和提升。迫切需要加强现场变电运检人员对该项工作的专业化、规范化的学习，提升"一键顺控"改造技能水平，高质量、高效率地实现变电运维专业的"两个替代"。因此按照专业的要求和现场实际改造的需求，融合变电运检相关专业的技能知识以及上级的专业规范及要求，编制一本知识系统、内容全面、针对性强的变电站"一键顺控"技术介绍与应用培训教材，对提升变电运检人员对该项技术的认知、现场执行，以及相关专业技能的提升都具有很强的必要性和实践指导意义。

　　本书结合近年来变电站"一键顺控"技术的改造推广的相关要求和现场实际的工作经验，变电"全科医生"二次运检技能的试点培育成果，介绍"一键顺控"技术建设的实践思路、理论基础、改造原理、规范要求、现场施工、验收要求等知识，明确"一键顺控"技术所需的各相关变电专业知识。结合某变电站"一键顺控"改造实践案例介绍现场施工的方案流程及要求，为现场施工改造提供实际参考，本书在编写过程中得到了国家电网有限公司相关单位和人员的大力支持，在此一并表示衷心的感谢。

限于编者经验和水平，加之成书时间仓促，本书编写过程中难免有疏漏或不足之处，敬请广大读者提出宝贵的意见和建议，以便后续改进。

编 者

2024 年 10 月

目　录

第一章

概　述

为贯彻 2022 年国家电网公司"两会"和安全生产科技工作会议精神，加快现代设备管理体系建设，国网设备部决定加快推进变电运维专业"两个替代"远程智能巡视替代现场人工例行巡视、一键顺控操作替代常规倒闸操作）技术应用。作为"两个替代"重点工作之一，"一键顺控"建设及应用对加快现代设备管理体系建设，降低变电倒闸操作安全风险，提升设备管控强度和人员作业效率具有重要意义。

"一键顺控"作为一种变电站倒闸操作模式，具备操作项目软件预制、操作任务模块式搭建、设备状态自动判别、防误联锁智能校核、操作步骤一键启动和操作过程自动顺序执行等功能，它可将大量、繁琐的人工倒闸操作步骤固化到专用后台计算机上，仅需在计算机上点击一下所需的"操作任务"，计算机即可自动完成一系列的设备遥控操作，并且能够自动校验是否操作到位，确保操作正确。随着电网发展方式转变、设备规模大幅增长，管理精益化持续加强，以往的变电运维管理模式与设备快速增长的矛盾日益凸显，操作多、距离远、人员少是当前一线班组工作中的难点、痛点。推动作业模式转变，切实减轻一线变电运维班组工作压力，是变电运维专业提高工作质效的内在需求，也是公司高质量发展的必然要求。变电站"一键顺控"技术应用，实现倒闸操作由"现场逐项操作"向"远方一键顺控"转变，提升了设备运维智能化水平，深入促进了数字技术与电网设备管理的有效融合，全面提升了运检质效。

第一节　"一键顺控"应用背景

在以往的变电站倒闸操作环节中，运维人员往往通过手动操作的方式进行，期间需要操作人员与监护人员不断地重复着发令、复诵、操作、现场检查等步骤，费时费力，并且在设备安装位置及机构驱动方式等因素的影响下，运维人员在实际操作过程中需往返于不同的设备区域。这不仅会消耗较长的时间，还给运维人员自身带来了安全风险。

"一键顺控"的应用是基于传统变电站操作模式的改变。这项技术将大量繁琐的人工倒闸操作工序提前固化到后台计算机中，通过添加、预演、执行操作任务，实现自动、快速、准确地完成设备状态的切换。工作人员只需"一键"点击操作任务，计算机程序就可以自动地完成一系列设备遥控操作，并可以自动检验操作到位情况。

以××公司 220kV××变电站为例，这是该省首个具备进行"一键顺控"操作的变电站，也是××电网首次实现对在运 220kV 变电站进行"一键顺控"的改造。相较于传统模式，运维人员使用"一键顺控"进行操作，在保证操作正确率的前提下，精简了大量工作流程，将人工单间隔操作时间由半小时以上缩短为 5 分钟以内，使间隔操作真正进入了从以小时为单位进化为以分钟为单位的"分时代"，大大提高了运维效率。

"一键顺控"实现了变电站倒闸操作由"人工逐项操作"向"计算机远程自动操作"的转变，全面提升了变电站设备运行状态智能感知、安全监测、高效运维能力，降低了变电运维作业风险，提高了设备管控能力，实现了智能运维和智能操作。全面推进变电站"一键顺控"建设与应用工作，提升了操作效率，降低了操作风险，切实提升了设备运检质效，有效促进了变电站智能化升级、数字化转型，加快了现代设备管理体系建设，对实现变电运维"两个替代"、落实公司"一体四翼"发展布局具有重要意义。

第二节　"一键顺控"建设重点

一、建设原则

"一键顺控"的建设应遵循以下基本原则。

（1）安全可靠。坚守安全底线，树立全过程风险管控意识，完善相关技术规范和配套管理制度，严格标准化建设，加强质量管控，确保变电站"一键顺控"逻辑正确、操作可靠，实现建设、调试、操作标准化、规范化。

（2）统筹规划。统筹系统建设、设备改造、停电安排和项目资金，结合实际、因地制宜，先组合电器后敞开式设备、先高电压等级后低电压等级，科学合理制定实施规划，稳妥推进变电站"一键顺控"建设，实现变电站、集控站具备"一键顺控"功能，确保目标任务按期完成。

（3）分类施策。差异化制订"一键顺控"改造方案，优先选择变电站顺控方式。对于"双确认"辅助判据，GIS（含 HGIS）变电站优先采用微动开关（磁感应）；220kV 及以上敞开式站优先采用视频，应结合远程智能巡视系统建设；110kV 敞开式站优先采用微动开关（磁感应）。

（4）应用驱动。积极推进变电站"一键顺控"规模化应用，规范"一键顺控"倒闸操作管理流程，加强"一键顺控"在停电检修、应急处置等场景下应用，不断提升变电站"一键顺控"操作实用化水平。

二、重点工作

当下推进变电站"一键顺控"建设与应用的重点工作如下。

（1）健全完善制度标准体系。完善"一键顺控"相关技术标准和规章制度，明确建设标准和运维操作要求。

（2）严控设备入网质量关。强化设备入网检测，加强网络安全检测，变电站"一键顺控"相关设备与系统必须通过公司组织的检测认证，从源头提升"一键顺控"功能可靠性。常态化开展"一键顺控"开关设备技术评估及顺控主机、防误主机集中检测，逐步实现全部制造企业、全部产品型号全覆盖。

（3）加强新投运变电站验收。严格所有新建变电站投运前"一键顺控"功能调试和验收，改（扩）建间隔新采购设备预留微动开关。严格执行 35～750kV 变电站通用设计、《特高压变电站一键顺控设计指导意见》，同步校验"一键顺控"典型操作票、防误"双校验"功能，明确操作任务、职责划分和权限分配，确保"一键顺控"功能与主设备同步建设、同步验收、同步投运。

（4）加快推进在运站改造。坚决执行工作目标要求，统筹在运站改造进度，详细梳理变电站现状，会同相关部门积极落实项目资金及停电计划，细化制定改造规划。强化现场安全和质量管控，改造工作安全风险高、时间跨度大的，要一站一案，严格落实现场安全、质量管控措施，保障改造工作安全有序。对无法电动操作、运行超过 20 年以上敞开式隔离开关，要结合老旧设备改造同步进行。

（5）强化设备运维检修管理。微动开关、磁感应传感器、摄像机、巡视主机等"双确认"装置以及顺控主机、智能防误主机与主设备同质化管理，明确运维检修职责，提升"一键顺控"系统运行可靠性。建立健全智能防误规则、典型顺控操作票审核制度，加强运维操作职责权限验证，确保顺控操作安全可靠执行。

（6）积极推进常态化应用。加强变电站"一键顺控"系统实践应用，明确操作异常处置措施，提升基层班组"一键顺控"操作覆盖率和实用化水平，提高"一键顺控"应用成效，确保倒闸操作"一键顺控"应用必用。

第二章

"一键顺控"基本原理及技术路线

第一节 "一键顺控"技术基本构架及主要功能

一、基本框架

"一键顺控"基本架构支持变电站端和集控站（运维班）端两种操作模式。

变电站端"一键顺控"操作由"一键顺控"主机、智能防误主机、间隔层设备及一次设备双确认装置等协同完成。操作人员使用"一键顺控"主机选择当前设备态及目标设备态，调用"一键顺控"主机内提前预制的操作票，经智能防误主机和"一键顺控"主机防误双校核后，由"一键顺控"主机将操作指令通过间隔层设备下发至现场一、二次设备完成各项操作任务，实现变电站端"一键顺控"操作。同时，变电站端"一键顺控"配置集控站（运维班）端和调度端接口。

集控站监控系统部署"一键顺控"功能模块，运维班部署集控站监控系统终端，通过调用变电站端"一键顺控"服务，实现集控站（运维班）端"一键顺控"操作。集控站监控系统未完成部署前，集控站（运维班）端采用现有调度监控系统延伸模式调用变电站端"一键顺控"服务，实现集控站（运维班）端"一键顺控"操作。

"一键顺控"基本架构如图 2-1 所示。

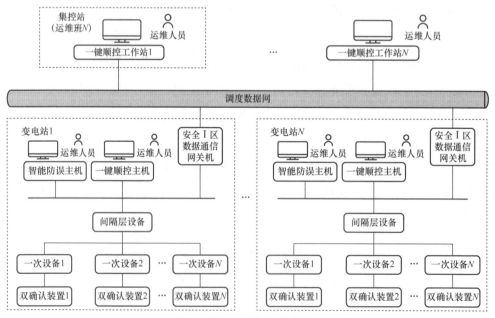

图 2-1 "一键顺控"基本架构

注：智能防误主机和"一键顺控"主机均可与监控后台机集成配置。

二、主要功能

（一）变电站端

变电站端"一键顺控"包括"一键顺控"核验登录、操作票预制、任务生成、模拟预演、指令执行、防误校核、操作记录、上送执行结果、手动/自动暂停等功能。

（1）系统登录。系统登录应使用本人账户通过"口令+调度数字证书或生物特征识别"双因子校验后登录，具有以下三种权限：

1）操作员权限由操作人、监护人使用，可执行全过程操作。

2）管理员权限可进行系统数据库修改、系统账户修改等管理维护性工作。

3）审计员权限可调阅操作记录、审核历史操作票。

（2）操作票预制。

1）"一键顺控"主机应内置操作票库，并提供图形化配置工具快速生成"一键顺控"操作票。

2）"一键顺控"操作票应包括操作对象、当前设备态、目标设备态、操作任务名称、操作项目、操作条件、目标状态等项目。

3）具备"一键顺控"操作票的生成、修改、删除等功能，并能记录维护日志。

4）具备自检功能，应能根据操作对象、当前设备态、目标设备态确定唯一的操作票。

（3）任务生成。

1）系统能够自动判别当前设备态，与非当前设备态有明显标识。

2）选定当前设备态、目标设备态后，系统自动生成"一键顺控"唯一操作任务。

3）系统生成操作任务时应自动更新当前操作条件列表和目标状态列表，操作条件应能根据设备名称自动整理，目标状态应能根据操作项目顺序自动整理。

4）生成操作任务后，系统应将操作任务的目标设备态模拟置为满足。

5）系统应具备内预置的子任务操作票组合功能，"一键顺控"任务组合应在上一操作任务生成后的模拟结果基础上判断下一操作任务的当前设备态是否满足，若不满足应禁止任务组合。

（4）模拟预演。模拟预演全过程应包括检查操作条件、预演前当前设备态核实、"一键顺控"主机防误闭锁校验、智能防误主机防误校核和单步模拟操作等步骤，全部环节成功后才可确认模拟预演完成。其中，"一键顺控"主机防误闭锁校验、智能防误主机防误校核所依据的防误闭锁逻辑，应满足变电站不同运行方式下倒闸操作的"五防"要求。

1）检查操作条件：模拟预演前应检查操作条件列表是否全部满足，若有不满足项应禁止模拟预演并提示错误。

2）预演前当前设备态核实：模拟预演前应检查指令中的当前设备态与操作对象的实际状态是否一致，若不一致应禁止模拟预演并提示错误。

3）"一键顺控"主机防误闭锁校验：模拟预演时，所有步骤应经"一键顺控"主机内置防误闭锁校验，若校验不通过应终止模拟预演并提示错误。

4）智能防误主机防误闭锁校核：模拟预演时，所有步骤应经智能防误主机防误闭锁校验，若校验不通过应终止模拟预演并提示错误。

5）单步模拟操作：模拟预演过程中每一个操作项目的预演结果应逐项显示，任何一步模拟操作失败，应中止模拟预演并提示错误。

6）预演成功后，应使能"执行"按钮，并禁用"预演"按钮。

（5）指令执行及防误校核。指令执行应以模拟预演成功为前提，并检查指令中的当前设备态与操作对象的实际状态是否一致，若不一致应禁止指令执行并提示错误。指令执行以操作排他性为基本原则，指令正在执行时，后续到达的指令应被闭锁，并回复不执行。"一键顺控"操作因故中止后，可转就地操作，就地操作时由原五防主机或智能防误主机实现防误闭锁功能。

指令执行全过程应包括启动指令执行、执行前当前设备态核实、检查操作条件、顺控闭锁信号判断、全站事故总判断、单步执行前条件判断、单步"一键顺控"主机防误闭锁校验、单步智能防误主机防误闭锁校核、下发单步操作指令、单步确认条件判断，全部环节成功后才可确认指令执行完成。

（6）操作记录。应具备操作记录存储功能，记录"一键顺控"操作票编号、指令源、执行开始时间、结束时间、每步操作时间、操作用户名、操作内容、异常告警、终止操作等信息，为分析故障以及处理提供依据，操作记录应提供查询、打印、导出功能，不可删除、修改。

（7）上送执行结果。对于集控站（运维班）下发指令的"一键顺控"操作，应具备各阶段执行结果上送功能。

（8）手动/自动暂停。应具备操作过程中手动/自动暂停功能，在指令执行过程中，应根据异常信息自动暂停"一键顺控"操作；且运维人员可根据现场情况手动暂停"一键顺控"操作。

（二）集控站（运维班）端

集控站（运维班）端"一键顺控"工作站包括"一键顺控"操作软件核验登录、操作票调用、任务生成、模拟预演、指令执行、防误校核结果调用、操作记录、执行结果调用、手动/自动暂停等功能。

第二节 "一键顺控"技术信息交互原理

一、变电站端信息交互

（一）变电站"一键顺控"主机与智能防误主机间信息交互

信息交互由变电站"一键顺控"主机发起，包含模拟预演阶段操作票全过程防误校验和操作执行阶段单步防误校验。模拟预演时，智能防误主机依据"一键顺控"主机预演指令进行操作票全过程防误校核，并将校核结果返回至"一键顺控"主机。操作指令执行时，智能防误主机依据"一键顺控"主机发送的每步控制指令进行单步防误校核，并将校核结果返回至"一键顺控"主机。模拟预演和操作指令执行过程中，"一键顺控"主机和智能防误主机进行防误双校核，校核一致可继续执行，校核不一致应终止操作，并提示详细错误信息。变电站"一键顺控"主机与智能防误主机信息交互流程如图 2-2 所示。

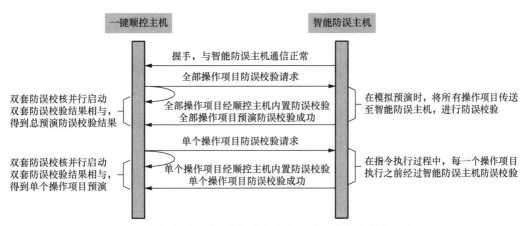

图 2-2　变电站"一键顺控"主机与智能防误主机信息交互流程

（二）变电站"一键顺控"主机与间隔层设备间信息交互

信息交互由变电站"一键顺控"主机发起，由间隔层设备下达操作指令完成设备操作并返回设备操作后状态信息。变电站"一键顺控"与间隔层设备信息交互流程如图 2-3 所示。

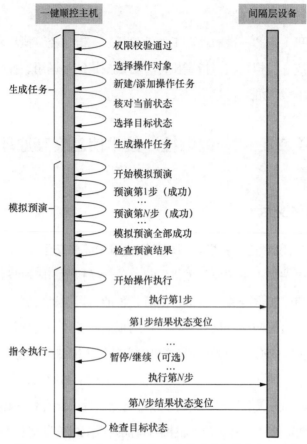

图 2-3 变电站"一键顺控"与间隔层设备信息交互流程

（三）变电站"一键顺控"主机与辅助设备监控系统信息交互

信息交互由变电站"一键顺控"主机发起，在一键顺控控制指令每一个操作项目执行前向辅助监控系统发出联动信号，辅助监控系统收到信号后触发图像采集设备联动，并根据需要转发视频图像识别结果至"一键顺控"主机。信息交互流程如图 2-4所示。

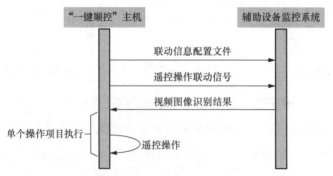

图 2-4 变电站"一键顺控"与辅助设备监控系统信息交互流程图

二、集控站（运维班）与变电站间信息交互

信息交互由集控站（运维班）发起，通过调度数据网、变电站端安全Ⅰ区数据通信网关机与变电站端"一键顺控"主机按照相关网络安全要求进行信息交换，分为分步控制模式和综合控制模式。

（一）分步控制模式

分步控制模式是集控站（运维班）端"一键顺控"工作站以分步方式进行"一键顺控"操作，主要包括操作票调用、操作票预演、操作票执行等步骤，如图2-5所示。

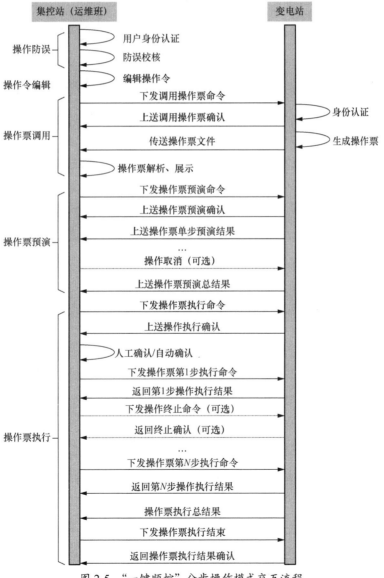

图2-5 "一键顺控"分步操作模式交互流程

（二）综合控制模式

综合控制模式是集控站（运维班）端"一键顺控"工作站以合并方式进行"一键顺控"操作，仅包括操作票执行步骤，如图2-6所示。

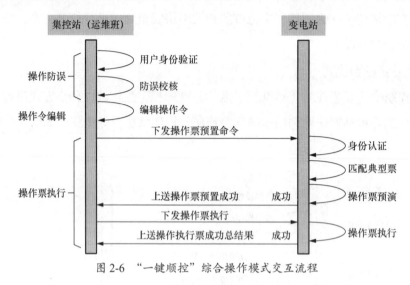

图 2-6 "一键顺控"综合操作模式交互流程

第三节 "一键顺控"总体的配置原则及要求

一、"一键顺控"主机

（一）配置原则

（1）新建变电站。新建变电站监控主机应具备"一键顺控"功能，并满足集控站（运维班）端"一键顺控"操作的要求。

（2）扩建变电站。扩建变电站依托扩建工程，宜新增"一键顺控"主机或升级原监控主机实现"一键顺控"功能，并满足集控站（运维班）端"一键顺控"操作的要求。

（3）在运变电站。在运变电站依托技改工程，可新增1台"一键顺控"主机或升级原监控主机实现"一键顺控"功能，并满足集控站（运维班）端"一键顺控"操作的要求。

（二）技术要求

"一键顺控"主机负责站内数据的采集、处理，应具备站内设备的"一键顺控"、防误闭锁等功能，应部署于变电站安全Ⅰ区。

（三）通信协议

"一键顺控"主机宜采用 DL/T 860 通信，通过站控层网络采集变电站实时数据，下发控制信息；键顺控主机与区数据通信网关机通信采用 DL/T 634.5104 通信，通过调度数据网与集控站（运维班）端"一键顺控"工作站进行信息交换；"一键顺控"主机与智能防误主机采用 DL/T 860 或 DL/T 634.5104 通信，传输防误数据。

（四）配置要求

"一键顺控"主机硬件配置要求见表 2-1。

表 2-1　　　　　　　　　　"一键顺控"主机硬件配置要求

序号	指标项	技术要求
1	品牌	国家电网招标入围服务器品牌
2	操作系统	国产安全操作系统
3	CPU	总核数≥16 核，原始主频≥2.4GHz，缓存≥20MB
4	内存	≥8GB DDR4，单条内存≥8GB，内存插槽≥2 个
5	存储	≥2 块 600GB（或以上）SAS 硬盘
6	网络	≥4 个 100/1000M 自适应端口
7	显卡	不低于 512M 显存独立显（最终输出接口：VGA 或 DVI，可选择）
8	I/O 扩展	除去本配置已占用插槽外，还需支持至少 4 个 PCle
9	电源	标配 2 个（支持冗余热插拔、可选配）

二、智能防误主机

（一）配置原则

（1）新建变电站。新建变电站可独立配置智能防误主机，也可由监控主机集成。

（2）扩建变电站。扩建变电站依托扩建工程，可独立配置智能防误主机，也可由监控主机集成；已配置独立防误主机的，宜通过软件更新等方式升级为智能防误主机。

（3）在运变电站。在运变电站依托技改工程，可独立配置智能防误主机，也可由监控主机集成；已配置独立防误主机的，宜通过软件更新等方式升级为智能防误主机。

（二）技术要求

智能防误主机应具备面向全站设备的操作闭锁功能，满足"一键顺控"模拟预演、操作执行防误双校核功能。智能防误主机与"一键顺控"主机宜采用不同厂家配置。

智能防误主机应具备以下功能：

（1）应支持从站控层采集断路器、隔离开关等一次设备状态，为"一键顺控"操作提供模拟预演、操作执行的防误校核功能。

（2）应采集接地线、网（柜）门等设备状态信息，宜采集压板、空开等设备状态信息。

（3）系统内置防误逻辑应与"一键顺控"主机内置防误逻辑相互独立，两套防误校核结果为逻辑"与"关系，系统模拟预演、任务执行期间应进行防误校核信息交互，实现一键顺控防误逻辑双校核。

（4）因故障不能进行一键顺控操作时，应具备转为就地操作模拟预演防误校核模式的功能。

（三）通信协议

智能防误主机与"一键顺控"主机间应采用 DL/T 860 或 DL/T 634.5104 通信。

（四）配置要求

智能防误主机硬件配置要求见表 2-2。

表 2-2　　　　　　　　　　　　智能防误主机硬件配置要求

序号	指标项	技术要求
1	品牌	国家电网招标入围服务器品牌
2	操作系统	国产安全操作系统
3	CPU	总核数≥8 核，原始主频≥2.4GHz，缓存≥20MB
4	内存	≥8GB DDR4，单条内存≥8GB，内存插槽≥2 个
5	存储	≥2 块 600GB（或以上）SAS 硬盘
6	网络	≥3 个 100/1000M 自适应端口
7	显卡	不低于 512M 显存独立显（最终输出接口：VGA 或 DVI，可选择）
8	I/O 扩展	除去本配置已占用插槽外，还需支持至少 2 个 PCIe
9	电源	标配 2 个（支持冗余热插拔、可选配）
10	接口	防误主机串口≥6，防误主机并口≥4

三、数据通信网关机

（一）配置原则

（1）新建变电站。新建变电站应配置满足集控站（运维班）端"一键顺控"操作功能的数据通信网关机。

（2）扩建变电站。扩建变电站依托扩建工程，宜对变电站不满足集控站（运维班）端"一键顺控"功能的数据通信网关机进行升级改造。

（3）在运变电站。在运变电站依托技改项目，可对变电站不满足集控站（运维班）端"一键顺控"功能的数据通信网关机进行升级改造。

（二）技术要求

数据通信网关机应具备数据采集、处理、远传等基本功能，还应具备单点遥控和"一键顺控"指令转发、执行结果上送等功能。

（三）通信协议

数据通信网关机与站控层通信宜采用 DL/T 860 标准通信。

（四）配置要求

数据通信网关机硬件配置要求如表 2-3 所示。

表 2-3 数据通信网关机硬件配置要求

序号	指标项	技术要求
1	结构	采用模块化结构，便于维护和扩展，无风扇、机械硬盘等转动部件
2	操作系统	国产安全操作系统
3	CPU	处理器字长≥32 位；处理器个数≥1 路（多核）；主频≥800MHz
4	网络	以太网口数量≥6 个；以太网口速率≥100M；串口数量≥10
5	接入装置	≥256 台

四、测控装置及规约转换装置

（一）配置原则

（1）新建变电站。新建变电站测控装置应满足"一键顺控"信息接入需求。

（2）扩建变电站。扩建变电站依托扩建工程，原间隔层设备不能满足信息接入需求，应新增测控装置，用于接入双确认等新增信号，完善与"一键顺控"操作相关的信息接入。若原间隔层设备无法与"一键顺控"主机直接通过Ⅰ区站控层通信，应增加规约转换装置。增加的规约转换装置宜采用 DL/T 860 与新增"一键顺控"主机通信。

（3）在运变电站。在运变电站依托技改项目，原间隔层设备不能满足信息接入需求，应新增测控装置，用于接入双确认等新增信号，完善与"一键顺控"操作相关的信息接入。若原间隔层设备无法与"一键顺控"主机直接通过Ⅰ区站控层通信，应增加规约转换装置。增加的规约转换装置宜采用 DL/T 860 与新增"一键顺控"主机通信。

（二）技术要求

（1）一次设备双确认信息开入量原则上接入本间隔测控装置或智能终端，经站控层上传至"一键顺控"主机。

（2）在测控装置或智能终端开入量不足时，可新增测控装置接入多间隔一次设备双确认信息。测控装置宜按电压等级分别配置。

（3）测控装置用于接入一次设备双确认装置、空气开关位置等新增开入量信号，并通过硬接点开出实现对电动空气开关的遥控操作功能。

五、二次压板状态采集装置

（一）配置原则

（1）涉及"一键顺控"操作条件判断的二次压板，应具备实时状态信息上传至智能防误主机功能，不具备该功能的应进行改造。

（2）新建变电站相关二次压板应按上述原则配置。

（二）技术要求

（1）二次压板状态采集装置应采用非侵入方式监测多个二次压板状态。

（2）二次压板状态上送时间≤3s。

（3）二次压板状态采集装置硬件要求见表2-4。

表 2-4 　　　　　　　　　　二次压板状态采集装置硬件要求

序号	指标项	技术要求
1	电源	额定电压为 AC/DC 220V，允许偏差-20%～+10%；电源 AC220V 时，频率为 50Hz，允许偏差±5%，谐波含量<5%
2	接口	应提供至少 1 路 RS 485 接口和 1 路以太网接口

第四节 "一键顺控"前端设备工作原理及技术路线

根据《国网设备部关于印发变电站一键顺控技术导则（试行）的通知》（设备变电〔2021〕28 号），"一键顺控"前端设备主要包含断路器及隔离开关的双确认装置，从而确定技术路线为双确认改造。

一、"双确认"装置

（一）断路器"双确认"装置

断路器应满足"双确认"条件，其位置确认应采用"位置遥信+遥测"判据，其中"位置遥信"作为主要判据，采用分/合双位置辅助触点，分相断路器遥信量采用分相位置辅助触点断路器应具备遥控操作功能，三相联动机构位置信号的采集应采用合位、分位双位置触点，分相操作机构应采用分相双位置触点，其判断逻辑如图 2-7 所示。

"遥测/带电显示"作为辅助判据，可采用三相电流或三相电压。三相电流取自本间隔电流互感器，三相电压可取自本间隔电压互感器或母线电压互感器。无法采用三相电流或三相电压时，应增加三相带电显示装置，采用三相带电显示装置信号作为辅助判据。

断路器位置"双确认"逻辑如图 2-8 所示。当断路器位置遥信由合变分，且满足"三相电流由有流变无流、母线三相电压由有压变无压/母线三相带电显示装置信号由有电变无电、间隔三相电压由有压变无压/间隔三相带电显示装置信号由有电变无电"任一条件，则确认断路器已分开。当断路器位置遥信由分变合，且满足"三相电流由无流变有流、母线三相电压由无压变有压/母线三相带电显示装置信号由无电变有电、间隔三相电压由无压变有压/间隔三相带电显示装置信号由无电变有电"任一条件,则确认断路器已合上。

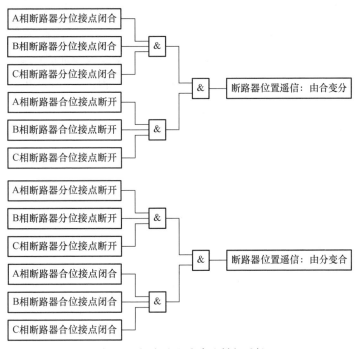

图 2-7 断路器位置遥信判断逻辑

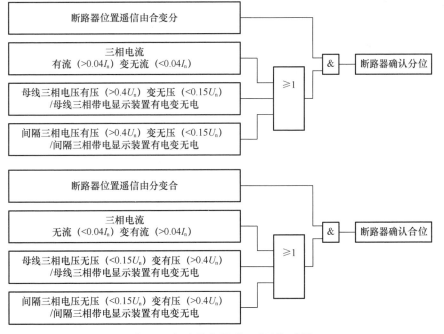

图 2-8 断路器位置"双确认"逻辑

（二）隔离开关"双确认"装置

1. 配置原则

隔离开关"双确认"装置是一种用于实时检测、上传隔离开关实际位置的装置。"双确认"装置主要包括传感器和视频图像识别两种类型。

（1）传感器装置。常用传感器装置有微动开关、姿态传感器、磁感应传感器。

1）微动开关。微动开关传感器安装在隔离开关机构箱内传动机构的运动部分和固定部位之间或安装于靠近隔离开关本体位置一侧，当传动机构运动部到位后，作用于动作簧片上，快速接通点、静触点并上传位置信号。微动开关位置信号通过硬节点输出，直接接入测控装置或智能终端，上传至站控层网络。

2）姿态传感器。姿态传感器是应用陀螺仪原理，安装于隔离开关运动部件，随机构动作测量隔离开关分合旋转角度及距离来判断隔离开关是否操作到位。姿态传感器需配置信号接收装置，该装置输出位置状态硬节点信号接入测控装置或智能终端，上传至站控层网络。

3）磁感应传感器。磁感应传感器是由运动的磁钢部件和固定的磁感应部件组成。当隔离开关分、合操作到位后，磁钢部件运动到磁感应部件的相应位置，由磁感应部件将分合闸到位信号传输至对应接收装置后，该装置输出位置状态硬节点信号接入测控装置或智能终端，上传至站控层网络。

隔离开关"双确认"传感器配置原则如表 2-5 所示。

表 2-5　　　　　　　　　　隔离开关"双确认"传感器配置原则

序号	设备种类	单位	传感器配置
1	微动开关	台	隔离开关分闸、合闸位置各安装 1 只微动开关
2	姿态传感器	台	（1）敞开式隔离开关每相应安装 1 只传感器； （2）三相共箱组合电器隔离开关应每台安装 1 只传感器； （3）三相分箱组合电器隔离开关在尾相上安装 1 只传感器，若现场条件允许，应每相安装 1 只传感器
3	磁感应传感器	台	（1）敞开式隔离开关每相应安装 1 只传感器； （2）三相共箱组合电器隔离开关应每台安装 1 只传感器； （3）三相分箱组合电器隔离开关在尾相上安装 1 只传感器，若现场条件允许，应每相安装 1 只传感器

4）信号接收装置。同一间隔的传感器接入同一台接收装置，在保证信号处理及传输可靠情况下，应尽量减少接收装置的数量。各类传感器信号接收装置配置原则见表 2-6。

5）新建变电站微动开关、姿态传感器、磁感应传感器及其信号接收装置由一次设备厂家在厂内进行安装并调试；扩建变电站扩建的一次设备微动开关、姿态传感器、磁感应传感器及其信号接收装置由一次设备厂家在厂内进行安装并调试;在运变电站微动开关、姿态传感器、磁感应传感器及其信号接收装置按照配置原则现场改造。现场改造的,如对原设备机构改造,操作机构的质量保修责任由改造单位承担。

表 2-6 各类传感器信号接收装置配置原则

序号	设备种类	单位	传感器配置
1	微动开关	台	无需配置
2	姿态传感器	台	每 2 个间隔可配置 1 台信号接收装置
3	磁感应传感器	台	(1)敞开式及三相分箱组合电器或敞开式设备每个间隔配置 1 台信号接收装置磁感应传感器; (2)三相共箱组合电器每 2 个间隔可配置 1 台信号接收装置

(2)视频图像识别。视频图像识别是利用隔离开关位置状态变化信号联动变电站视频主机,采集隔离开关位置状态信息,并自动完成图像智能分析识别和位置状态判断,通过无源接点形式或反向隔离装置输出位置状态识别结果和图像信息,主要有三种配置原则。

视频图像识别系统宜与变电站智能辅助控制系统复用,实现智能巡检、安防、消防等功能复用。

1)就地图像识别装置。在每个间隔配置就地图像识别装置,接入本间隔高清摄像机,负责本间隔所有隔离开关的视频"双确认",装置内置视频智能分析算法,自动识别隔离开关分合闸位置,输出无源接点至测控装置或智能终端,作为隔离开关状态的辅助判据。同时视频监控主机自动推送被操作隔离开关的现场视频画面,监视整个动作过程,并启动录像,便于追溯。就地图像识别模式配置原则见表 2-7。

表 2-7 就地图像识别模式配置原则

序号	设备种类	单位	配置
1	摄像机	台	每组隔离开关宜配置 4 台高清网络摄像机,照明条件不达标的区域可选配高清夜视摄像机或改善照明条件
2	就地图像识别装置(如需要)	台	每个间隔配置 1 台(如需要)
3	就地交换机	台	工业级,2 光 8 电百兆交换机
4	硬盘录像机	台	16/32/64 路网络硬盘录像机,根据摄像机数量合理配置,包含录像存储硬盘,满足录像保存 30 天要求
5	视频监控主机	台	每个变电站配置 1 台(包含安全操作系统、隔离开关状态智能识别软件等)
6	站控层交换机	台	工业级,12 光 12 电全千兆交换机

2)站控层集中分析识别(无源接点输出)。在每个间隔配置专用高清摄像机,站控层配置智能分析服务器,内置视频智能分析算法,自动识别隔离开关分合闸位置,识别

结果通过 DL/T 860 或 DL/T 634.5104 协议控制智能开出装置的继电器出口输出至测控装置，作为隔离开关状态的辅助判据。同时视频监控主机自动推送被操作隔离开关的现场视频画面，监视整个动作过程，并启动录像，便于追溯。站控层集中分析识别模式配置原则见表 2-8。

表 2-8　　　　　　　　　　站控层集中分析识别模式配置原则

序号	设备种类	单位	配置
1	摄像机	台	每组隔离开关宜配置 4 台高清网络摄像机，照明条件不达标的区域可选配高清夜视摄像机或改善照明条件
2	视频智能分析服务器	台	每个变电站配置 1 台
3	智能开出装置（如需要）	台	根据隔离开关数量按需配置
4	硬盘录像机	台	16/32/64 路网络硬盘录像机，根据摄像机数量合理配置，包含录像存储硬盘，满足录像保存 30 天要求
5	间隔层交换机	台	工业级，2 千兆光，24 百兆电
6	站控层交换机	台	工业级，12 光 12 电全千兆交换机
7	视频监控主机	台	每个变电站配置一台（包含安全操作系统、隔离开关状态智能识别软件等）

　　3）站控层集中分析识别（反向隔离装置输出）。在每个间隔配置专用高清摄像机，站控层配置智能分析服务器，内置视频智能分析算法，自动识别隔离开关分合闸位置，识别结果通过反向隔离装置输出至"一键顺控"主机，作为隔离开关状态的辅助判据。同时视频监控主机自动推送被操作隔离开关的现场视频画面，监视整个动作过程，并启动录像，便于追溯。站控层集中分析识别模式配置原则见表 2-9。

表 2-9　　　　　　　　　　站控层集中分析识别模式配置原则

序号	设备种类	单位	配置
1	摄像机	台	每组隔离开关宜配置 4 台高清网络摄像机，照明条件不达标的区域可选配高清夜视摄像机或改善照明条件
2	视频智能分析服务器	台	每个变电站配置 1 台
4	硬盘录像机	台	16/32/64 路网络硬盘录像机，根据摄像机数量合理配置，包含录像存储硬盘，满足录像保存 30 天要求
5	间隔层交换机	台	工业级，2 千兆光，24 百兆电
6	站控层交换机	台	工业级，12 光 12 电全千兆交换机
7	视频监控主机	台	每个变电站配置一台（包含安全操作系统、隔离开关状态智能识别软件等）

　　（3）其他技术路线。位置传感器、光栅尺传感器等其他隔离开关分合闸位置"双确认"方案经试验考核合格并经试点站应用成熟后，可补充为隔离开关分合闸位置"双确

认"技术路线。有条件的单位可探索采用智能机器人、无人机等先进技术手段，加大"一键顺控"操作中重点设备的实时监控，辅助开展一次设备分合位置判别。

（4）接地隔离开关如需配置"双确认"装置，可参照隔离开关"双确认"装置配置原则实施。

2. 技术要求

传感器在隔离开关处于不同的状态切换过程中，应均能可靠准确的判断隔离开关本体的分闸到位、合闸到位、位置异常三种位置状态，并将位置信息以标准通信规约发送到接收装置，信号准确率应为100%。

信号接收装置可接入多个传感器信号，将信号汇总后上送至测控装置或智能终端。应能够分析传感器监测位置数据的变化情况，应具备对传感器原始数据分析功能，应具有将分析结果和原始数据上传功能。

测位置数据的变化情况，应具备对传感器原始数据分析功能，应具有将分析结果和原始数据上传功能。

（1）微动开关。

1）微动开关的安装必须满足隔离开关的不同结构和空间要求，不应影响隔离开关的性能。

2）微动开关在无外界机械力作用情况下，应能够承受正常操作产生的振动。

3）微动开关防护等级不低于IP55。

4）微动开关与隔离开关联合机械性能试验应满足5000次机械寿命动作次数的要求，且满足微动开关位置输出信号、辅助开关位置输出信号、本体断口位置信号一致性的要求。

5）微动开关的"双确认"时间应满足"一键顺控"主机顺序操作时间要求。

（2）视频图像识别。

1）视频监控应具有对一次主设备状态实时监控功能，支持视频信息单画面手动切换、单画面自动轮视、多画面手动切换和多画面自动轮视等多种监控方式，支持摄像机云台操作、预置位调用和3D定位功能，应具有录像回放功能。

2）视频联动应支持变电站端"一键顺控"操作时，视频联动系统可即时联动，对相应设备的所有场景在同一画面上进行关联性显示，在操作过程中相关摄像机应进行操作权限锁定，防止分析异常。在同一画面上显示对该设备的智能分析结果；可根据已经设置好的策略进行录像。

3）位置自动判别应具有隔离开关分合闸状态自动判别能力，判别结论应包含分闸位置、合闸位置、分合闸异常及分析失败等状态信号,判别结论上传至站控层网络。

4)视频图像识别应具有自检功能,包括硬件系统自检、软件系统自检及通信链路状态自检等,自检状态应能以通信或无源接点方式上送给"一键顺控"主机。

5)视频联动系统的"双确认"时间应满足"一键顺控"主机顺序操作时间要求。

(3)姿态传感系统。

1)姿态传感器应能牢固安装于隔离开关相应旋转部件并能准确检测到隔离开关的分合闸位置变化,可靠、有效的判断隔离开关本体所处的分合闸位置状态,包括分闸到位、合闸到位、分闸异常或合闸异常。

2)姿态传感系统在隔离开关处于不同的状态切换过程中,均能够进行隔离开关本体位置的可靠判断。

3)姿态传感接收装置应具有无源接点输出及网络接口输出能力,无源接点输出应采用分位、合位双位置接点形式,网络接口至少应具有1个光信号接口和1个电信号接口,通信协议采用DL/T 860。

4)接收装置应具有姿态传感器故障就地指示灯,能够就地判断姿态传感器工作状态。

5)接收装置应具有装置自检功能,包括硬件系统自检、软件系统自检及通信链路状态自检等,装置自检状态应能就地指示。

6)针对每组隔离开关,接收装置应输出3路接点信号,2路用于指示隔离开关本体分合闸位置,隔离开关分闸到位时,其分位接点闭合,合位接点断开。隔离开关合闸到位时,其合位接点闭合,分位接点断开;分闸异常时,分位接点和合位接点均断开。合闸异常时,分位接点和合位接点均闭合。另1路接点信号指示传感器故障,传感器故障时其接点闭合,正常时分开。接收装置应具有1路自身装置异常输出接点。

7)姿态传感器系统具有掉电后参数保存能力,可保存分合闸标定数据、开关实时位置信息等,恢复供电后能够重新获取到上述参数并能恢复至断电前的状态,上下电时继电器不应误发信号。

8)接收装置应具有就地一键分合状态置位功能。

9)接收装置应具有数据存储和事件记录的功能。

10)姿态传感系统的"双确认"时间应满足"一键顺控"主机顺序操作时间要求。

(4)磁感应传感系统。

1)磁感应传感器的磁感应部件应能牢固安装于隔离开关相应固定部件,磁钢部件安装在旋转部件上，并能准确检测到隔离开关的分合闸位置变化。

2）磁感应传感器系统应可靠、有效的判断隔离开关本体所处的分合闸位置状态，包括分闸到位、合闸到位、分合闸异常。

3）接收装置应具有无源接点输出或网络接口输出能力，无源接点输出应采用分位、合位双位置接点形式；网络接口时至少应具有 1 个光信号接口和 1 个电信号接口，通信协议采用 DL/T 860。

4）接收装置应具有磁感应传感器故障就地指示灯，能够就地判断磁感应传感器工作状态。

5）接收装置应具有装置自身自检功能，包括硬件系统自检、软件系统自检及通信链路状态自检等，装置自检状态应能就地指示。

6）针对每组隔离开关，接收装置应输出至少 3 路接点信号，2 路用于指示隔离开关本体分合闸位置，隔离开关分闸到位时，其分位接点闭合，合位接点断开；隔离开关合闸到位时，其合位接点闭合，分位接点断开；分闸异常时，分位接点和合位接点均断开；合闸异常时，分位接点和合位接点均闭合。另 1 路接点信号指示传感器故障，传感器故障时其接点闭合，正常时分开。

7）磁感应传感系统具有掉电后参数保存功能，可保存分合闸配置数据、开关实时位置信息等，恢复供电后能够重新获取到上述参数并能恢复至断电前的状态，通、断电时继电器不应误发信号。

8）接收装置应具有数据存储和事件记录的功能。

9）磁感应传感系统的"双确认"时间应满足"一键顺控"主机顺序操作时间要求。

二、"双确认"改造技术路线

（一）断路器"双确认"改造

在运变电站均采用"遥信位置+遥测数据"的方式实现断路器位置"双确认"。主判据采用断路器的合位、分位双位置辅助接点。辅助判据采用遥测量或带电显示器，优先选择三相电流和电压遥测量，电流取自本间隔电流互感器，电压取自本间隔电压互感器和母线三相电压互感器。本间隔电压采集有困难的，可采用具备遥信和自检功能的三相带电显示器。

当断路器位置遥信由合变分，且满足"三相电流由有流变无流、母线电压由有压变无压、间隔电压由有压变无压"中的任一条件，则确认断路器已分开。当断路器位置遥信由分变合，且满足"三相电流由无流变有流、母线电压由无压变有压、间隔电压由无压变有压"中的任一条件,则确认断路器已合上。

(二)隔离开关"双确认"改造

在运变电站均采用"辅助开关接点位置遥信+'双确认'装置位置遥信"的方式实现隔离开关位置"双确认"。主判据采用隔离开关分、合双位置状态的辅助开关接点遥信。辅助判据根据变电站设备类型及特点可选择微动开关、磁感应传感器或视频图像识别三种技术路线。

改、扩建变电站优先采用微动开关遥信位置作为辅助判据,微动开关应随一次设备同步出厂、调试、投运。在运户外变电站优先选用磁感应传感器遥信位置作为辅助判据,在运户内变电站可选择微动开关或磁感应技术路线,采用视频图像识别技术路线的变电站应与远程智能巡视系统部署同步考虑。

采用微动开关或磁感应技术路线时,GIS 隔离开关分相且机构布置在边相的,改造时应在主动相和最远从动相,或者在两个从动相分别安装;GIS 隔离开关分相且机构布置在中间相的,应在两侧从动相分别安装;AIS 设备应在三相隔离开关均安装。

变电站磁感应或微动开关辅助判据通过单点双位置电缆方式接入第二套智能终端或第二套合智装置双点开入(220kV 变电站 110kV 电压等级各间隔需增配一台智能终端或合智装置),对应间隔测控装置 ICD 模型扩展双位置接入数量。在运变电站磁感应或微动开关辅助判据通过电缆方式接入测控装置,现场测控装置不满足要求时应增加公用测控装置,新增公用测控装置按电压等级分别配置,实际配置数量以辅助判据接入量为准,同一间隔辅助判据不跨测控装置接入。采用视频图像识别技术的,辅助判据通过反向隔离装置以 E 文件形式直接接入后台监控系统或者转换成硬接点信号通过电缆方式接入测控装置。

(三)接地隔离开关

若接地隔离开关需要配置"双确认"装置,可参照上述隔离开关"双确认"装置配置原则实施。

(四)空气开关

1. 配置原则

(1)涉及"一键顺控"操作条件判断的空气开关,应具备实时状态信息上传功能,不具备该功能的应进行改造。

(2)双母线接线方式的母联断路器控制回路电动空气开关应具备远方遥控功能,不具备该功能的应进行改造,其他二次回路空开根据实际情况需要进行改造。

（3）新建变电站相关空气开关应按上述原则配置。

2. 技术要求

（1）电动空气开关宜由测控装置或智能终端通过硬接点控制。

（2）电动空气开关机械寿命和电气寿命应满足相应规范要求。

（3）空气开关状态上送时间≤3s。

（4）电动空气开关硬件要求见表2-10。

表 2-10　　　　　　　　　　　　电动空气开关硬件要求

序号	指标项	技术要求
1	电源	额定电压为 AC/DC 220V，允许偏差-20%～+10%；电源 AC 220V 时，频率为 50Hz，允许偏差±5%，谐波含量<5%
2	接口	电动空气开关： （1）应提供至少 2 路开关量输入接口，开关量输入接口遥信电源为 AC/DC 220V； （2）应提供至少 2 路开关量输出接口，开关量输出接口为常开无源接点

第五节　"一键顺控"二次设备工作原理及技术路线

一、"一键顺控"相关二次设备概述

"一键顺控"相关二次设备主要完成两类功能，一是通过预先规定的操作逻辑和规则，自动完成二次系统设备一系列软压板投退的操作，最终改变继电保护等二次设备运行状态，这个过程实现所有典型高频工作的保护投退操作及保护隔离操作"一键式"顺控执行；二是基于预先设定的操作逻辑和"五防"闭锁规则，通过单个自动化操作系统命令，经二次设备对变电站相关电气设备的断路器和隔离开关进行一系列自动操作，实现变电站整个系统运行状态的自动转换。这两种控制方式可以在无需人工干预的情况下，完成各种复杂的操作任务，提高变电站的工作效率和减少操作失误。

"一键顺控"网络架构原理如图 2-9 所示，"一键顺控"主要涉及的二次设备有：测控装置、保护装置、交换机、智能防误主机、顺控主机、远动装置等。测控装置负责接受和校验监控后台下发的遥控命令，并采集一次设备的实际位置和运行工况；保护装置负责接受监控后台下发的软压板遥控命令，并反馈软压板的位置信息；顺控主机具备操作项目软件预制、操作任务模块式搭建、设备状态自动判别的功能等；智能防误主机独立配置五防系统，与顺控主机 104 通信，实现"一键顺控"预演或操作过程中"五防"逻辑判断；除配置独立智能防误主机外，顺控主机内置防误逻辑同时启用，共同实现"一键顺控"双套防误校核。

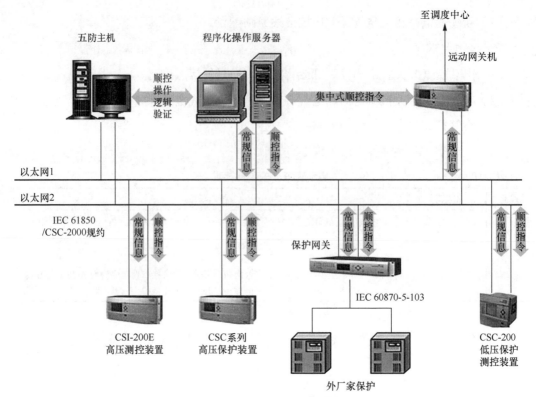

图 2-9 "一键顺控"网络架构原理

二、"一键顺控"二次设备工作内容

具体来说，"一键顺控"二次设备工作包含以下内容：

（1）操作项目软件预制：这是实现"一键顺控"的基础，即将各种操作步骤预先设置为程序代码，以备后续执行。

（2）操作任务模块式搭建：将不同的操作任务分解为多个模块，每个模块对应不同的操作步骤，通过模块的组合和调用实现"一键顺控"。

（3）设备状态自动判别：通过读取设备的状态信息，自动判断当前设备的运行状态，为后续操作提供依据。

（4）防误联锁智能校核：在执行操作时，通过防误联锁功能，智能校核操作步骤的正确性，防止误操作。

（5）操作步骤一键启动：在准备好操作环境和条件后，通过一键启动操作步骤，自动按照预设的逻辑和规则执行。

（6）操作过程自动顺序执行：在执行操作过程中，会自动按照预设的顺序依次执行每个步骤，无需人工干预。

"双确认"依据为设备远方操作时，至少应有两个非同样原理或非同源指示发生对应变化，且所有这些指示均已同时发生对应变化，才能确认该设备已操作到位。第一判据为隔离开关、地刀位置信号，隔离开关、地刀第二判据为加装磁感应器，微动开关或视频监控。开关的第二判据为电流等遥测量变化。根据第二判据的不同，可以分为加装磁感应器，微动开关的路线和视频监控路线。某 500kV 站带视频 "双确认" "一键顺控" 示意图如图 2-10 所示。

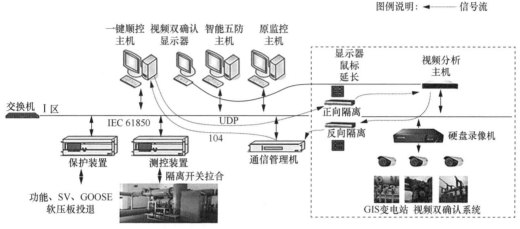

图 2-10 某 500kV 站带视频 "双确认" "一键顺控" 示意图

顺控主机是"一键顺控"系统的"大脑"，主要完成操作指令的下达及返回判断；智能"五防"主机是整个系统的"卫士"，负责操作逻辑的审核；视频分析系统则是"一键顺控"的"感官和神经"，在整个自动倒闸过程中，完成现场设备实际位置抓拍和判断，将图像信号传输至后台，由通信管理机将报文解析转换后发送给顺控主机。

三、"一键顺控"操作票可视化校核技术

"一键顺控"操作票库由厂家人员根据用户提供的操作票定义文档在操作票编辑工具中进行编制，刚编制完成的票是未校核票。未校核票经不停电方式或实操方式校核成功后状态变为已校核。操作票编辑工具打开操作票修改保存后其状态应为未校核。操作票校核工具巡视已校核票时若 CRC 校验码发生改变，则其状态变为未校核。变电站"一键顺控"和调度顺控只允许调用已校核的顺控操作票。在运变电站进行"一键顺控"改造时可采用不停电方式校核操作票库，新建变电站可采用实操方式校核操作票库。在变电站内校核"一键顺控"操作票库时，应闭锁主站下发的"一键顺控"操作。

"一键顺控"不停电方式校核以操作票校核工具作为人机交互入口，启动模拟校核界面。

模拟校核界面启动时，监控主机应根据当前实时数据库断面更新模拟数据库，模拟校核时的所有操作（例如，条件和规则判断、自动人工置数等）都在模拟数据库中进行，不改变实时数据库。

"一键顺控"不停电校核时，监控主机可正常监视全站设备状态，但禁止进行任何控制操作。

"一键顺控"不停电校核时，监控主机向智能防误主机发送模拟数据库中的设备状态，不发送实时的设备状态。智能防误主机应支持无需接收监控主机发送操作票文件、直接对单步操作项目进行防误校验。

在应用界面左侧为变电站的结构树形图，依次展开电压等级和间隔，在间隔下方右键点击任一"未校核"顺控票，选择"不停电校核"发起校核，如图 2-11 所示。

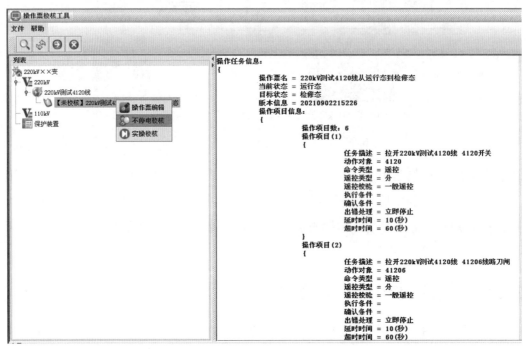

图 2-11 选择"不停电校核"发起校核

在每一步顺控（模拟）操作开始前会提示人工对上一步命令执行结果以及下一步预执行命令进行确认。在画面靠上侧显示有顺控票执行进度，执行按钮相邻设置有"暂停"及"终止"按钮，可对顺控票校核进度进行观测和把控，在所有顺控操作完成后，系统会提示"是否保存当前票并置当前票为已校核操作票"，如图 2-12 所示。校核成功和已校核界面分别如图 2-13 和图 2-14 所示。

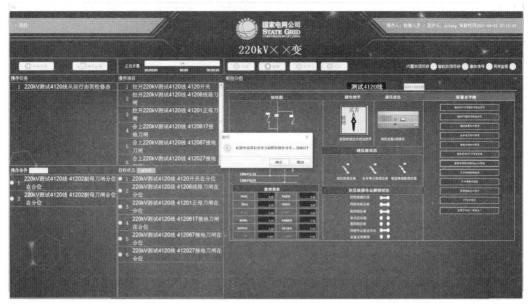

图 2-12 开始校核

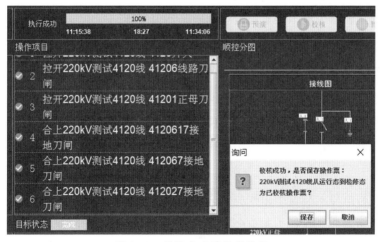

图 2-13 校核成功并保存界面

图 2-14 已校核界面

第三章

"一键顺控"施工管理

第一节　新建工程实施管理

一、设备前期管理

"一键顺控"的设备配置及总体技术要求参考第二章第三节至第五节部分的相关内容做好前期的准备工作。

二、安装质量管理

（一）"双确认"装置

1. 断路器"双确认"

采用增加三相带中显示装置信分作为所路器位置辅助判据时，带电显示装置安装应遵循以下原则：

（1）三相带电显示装置的安装应不影响一次本体正常的运行和操作。

（2）三相带电显示装置在本体上的安装宜设置固定的安装位置，保证后期传感器进行更换或检修时，传感器与本体的相对位置不变。

（3）三相带电显示装置的安装工装设计，应安装牢固可靠，宜具备不停电更换和维护条件。

（4）三相带电显示装置引出线应安全可靠，不干涉本体操作。

（5）接收装置安装在较为明显的、有利于走线的位置，避免现场安全隐患。

（6）接收装置外接的电源电缆与信号电缆应采取必要的防护措施，延长使用年限，避免机械损伤。

（7）电缆（光缆）应沿电缆沟敷设，选择最优路径。无电缆沟的应埋设镀锌钢管或采用专用电缆桥架通到电缆沟，以保护电缆，并做好防潮措施。

（8）电缆（光缆）标牌应有线号标识，标明电缆起点和终点。

（9）接收装置应有明显的接地点并有效接地。

（10）三相带电显示装置和接收装置的安装位置，应全站统一。

2. 隔离开关"双确认"

（1）微动开关安装。

1）微动开关的安装应不影响隔离开关机构正常的运行和操作，尽量安装于靠近隔离开关本体位置一侧，也可安装在机构箱内部。安装在机构箱内部时，其安装位置应与"启停电机"用微动开关相同，但不得有电气联系。

2）微动开关在机构中的安装宜设置固定的安装位置，保证后期传感器进行更换或检修时，传感器与机构的相对位置及角度不变。

3）微动开关的安装工装设计，应安装牢固可靠，宜具备不停电更换和维护条件。

4）微动开关引出线应安全可靠，不干涉本体操作。

5）电缆（光缆）应沿电缆沟敷设，选择最优路径。无电缆沟的应埋设镀锌钢管或采用专用电缆桥架通到电缆沟，以保护电缆，并做好防潮措施。

6）电缆（光缆）标牌应有线号标识，标明电缆起点和终点。

7）微动开关的安装位置，应全站统一。

（2）视频图像识别设备安装。

1）摄像机的安装应不影响一次设备正常的运行、操作、检修和巡视，摄像机安装位置与带电设备应满足安全距离要求，保证摄像机能捕捉到隔离开关动作的全景过程和位置状态。

2）摄像机的安装应设置固定的安装位置，保证后期对摄像机进行更换或检修时，摄像机与隔离开关间的相对位置及角度不变。

3）摄像机的安装工装设计，应安装牢固可靠，宜具备不停电更换和维护条件。

4）视频接收装置外接的电源电缆与信号电缆应采取必要的防护措施，延长使用年限，避免机械损伤。

5）电缆（光缆）应沿电缆沟敷设，选择优路径。无电缆沟的应埋设镀锌钢管或采用专用电缆桥架通到电缆沟，以保护电缆，并做好防潮措施。

6）电缆（光缆）标牌应有线号标识，标明电缆起点和终点。

（3）姿态传感器安装。

1）姿态传感器的安装应不影响一次本体正常的运行和操作，姿态传感器安装位置与隔离开关运动部件间应尽可能减少传动部件，保证姿态传感器真实的反映隔离开关的位置状态。

2）姿态传感器在本体上的安装宜设置固定的安装位置，保证后期传感器进行更换或检修时，传感器与本体的相对位置及角度不变。

3）姿态传感器的安装工装设计，应安装牢固可靠，宜具备不停电更换和维护条件。

4）姿态传感器引出线应安全可靠，不干涉本体操作。

5）接收装置安装在较为明显的、有利于走线的位置，避免现场安全隐患。

6）接收装置外接的电源电缆与信号电缆应采取必要的防护措施，延长使用年限，避免机械损伤。

7）电缆（光缆）应沿电缆沟敷设，选择最优路径。无电缆沟的应埋设镀锌钢管或采用专用电缆桥架通到电缆沟，以保护电缆，并做好防潮措施。

8）电缆（光缆）标牌应有线号标识，标明电缆起点和终点。

9）接收装置应有明显的接地点，并有效接地。

10）姿态传感器和接收装置的安装位置，应全站统一。

（4）磁感应传感器安装。

1）磁感应传感器的安装应不影响一次本体正常的运行和操作，磁感应传感器安装位置与隔离开关运动部件间，应尽可能减少传动部件，保证磁感应传感器真实地反映隔离开关的位置状态。

2）磁感应传感器在本体上的安装宜设置固定的安装位置，保证后期传感器进行更换或检修时传感器与本体的相对位置及角度不变。如不能满足该要求，首次进行改造时，必须记录磁感应传感器的安装位置及安装角度，以备后续检修或更换时参考。

3）磁感应传感器的安装工装设计，应安装牢固可靠，宜具备不停电更换和维护条件。

4）磁感应传感器引出线应安全可靠，不干涉本体操作。

5）接收装置安装在较为明显的、有利于走线的位置，避免现场安全隐患。

6）接收装置外接的电源电缆与信号电缆应采取必要的防护措施，延长使用年限，避免机械损伤。

7）电缆（光缆）应沿电缆沟敷设，选择最优路径。无电缆沟的应埋设镀锌钢管或采用专用电缆桥架通到电缆沟，以保护电缆，并做好防潮措施。

8）电缆（光缆）标牌应有线号标识，标明电缆起点和终点。

9）接收装置应有明显的接地点，并有效接地。

10）磁感应传感器和接收装置的安装位置，应全站统一。

（二）空气开关

参考《变电站一键顺控技术导则》（设备变电（2021）28 号）等技术文件的要求，空气开关的安装需要遵循以下原则：

（1）空气开关与其状态检测装置的安装应不影响空气开关本体正常的运行、操作和保护脱扣。

（2）空气开关与其状态检测装置应安装牢靠。

（3）电动空气开关工作电源应采用安全可靠的交流电源或直流电源。

（4）空气开关与其状态检测装置的电源电缆与信号电缆应采取必要的防护措施，延长使用年限，避免机械损伤。

（5）电缆（光缆）应沿电缆沟敷设，选择最优路径，电缆（光缆）标牌应有线号标识，标明电缆起点和终点。

（三）二次压板状态采集装置

参考《变电站一键顺控技术导则》（设备变电〔2021〕28 号）等技术文件的要求，二次压板状态采集装置的安装需要遵循以下原则：

（1）二次压板状态采集装置的安装，应不影响二次压板本体正常的运行、操作。

（2）二次压板状态采集装置应能准确检测二次压板的投退状态。

（3）二次压板状态采集装置应安装牢靠。

（4）二次压板状态采集装置工作电源，应采用安全可靠的交流电源或直流电源。

（5）二次压板状态采集装置的电源电缆与信号电缆应采取必要的防护措施，延长使用年限，避免机械损伤。

（6）电缆（光缆）标牌应有线号标识，标明电缆起点和终点。

三、联调验收管理

（一）防误逻辑验收

（1）监控系统防误逻辑验收。监控系统防误逻辑验收时，先解除与智能防误主机防误校验，按经过审核通过的防误逻辑表在监控主机上进行模拟操作，验证监控系统防误逻辑正确性、完整性。包括验证全站与测控装置联闭锁一致性（站控层）、测控装置联闭锁正确性（间隔层）。现场可根据实际情况利用监控系统联闭锁可视化及校验工具对监控系统防误逻辑进行验收。监控系统防误逻辑验收内容见表3-1。

表 3-1 　　　　　　　　　　监控系统防误逻辑验收内容

序号	验收内容	验收方法	技术要求	验收情况
1	监控主机一次设备接线图	（1）按现场一次设备接线方式核对监控主机一次设备接线图。 （2）设备命名正确	符合现场一次设备实际接线	投产时已验证，本次不做修改
2	监控系统防误逻辑校验	在监控主机上按照防误联闭锁验收原则进行防误逻辑检查	应满足防误逻辑规则要求	投产时已验证，本次不做修改
3	模拟预演阶段经监控系统防误逻辑校验	运行"一键顺控"程序，生成任务，监控主机配置防误规则，在防误闭锁校验不满足的情况下，下发操作票预演命令后，检查预演过程是否会被闭锁	预演过程中防误闭锁校验失败时应提示闭锁校验失败及失败原因	投产时已验证，本次不做修改

序号	验收内容	验收方法	技术要求	验收情况
4	指令执行阶段经监控系统防误逻辑校验	运行"一键顺控"程序,生成任务,监控主机配置防误规则,在防误闭锁校验不满足的情况下,下发操作执行命令后,观察执行过程是否会被闭锁	执行过程中防误闭锁校验失败时,应提示闭锁校验失败及失败原因	投产时已验证,本次不做修改

（2）智能防误主机防误逻辑验收。智能防误主机逻辑验收,通过模拟开票操作是否通过验证智能防误主机内置逻辑正确性、完整性,智能防误主机防误逻辑验收内容见表3-2。

表3-2　　　　　　　　　　　　智能防误主机防误逻辑验收内容

序号	验收内容	验收方法	技术要求	验收情况
1	智能防误主机一次设备接线图	（1）1 按现场一次设备接线方式核对智能防误主机一次设备接线图。 （2）设备命名正确。 （3）网门、接地线桩设置位置正确、齐全,命名正确	符合现场一次设备实际接线	
2	智能防误主机防误逻辑规则校验	（1）在智能防误主机上按照防误联锁验收原则进行防误联锁检查。 （2）通过就地模拟开票方式进行逐条验证	应满足防误逻辑规则要求	
3	智能防误主机实时遥信验收	智能防误主机与监控主机进行通信连接配置,操作断路器、隔离开关等设备变位,查看智能防误主机上对应设备的状态	智能防误主机上设备状态与在监控模拟程序或监控主机上设置的设备状态保持一致	
4	"一键顺控"请求记录查询功能试验	在监控主机上模拟对智能防误主机进行"一键顺控"请求。打开"一键顺控"请求记录菜单,可根据时间、设备编号、顺控票号等对"一键顺控"请求记录进行查询	智能防误主机能查询到"一键顺控"请求的记录	

（3）核对智能五防机逻辑表验证顺逻辑,置位验证反逻辑验证。除了表3-1、表3-2所要求的防误系统逻辑验收外,还要进行顺逻辑（根据智能"五防"机逻辑表进行）、反逻辑（通过置位方式进行）验证,反逻辑验证项目见表3-3。

表3-3　　　　　　　　　　　　反逻辑验证项目

序号	验证内容	验证方法	验收情况
1	母线闸刀	母线闸刀置合位,则开关母线侧接地闸刀、开关线路侧接地闸刀均应不能合闸操作	
2	开关母线侧接地闸刀	开关母线侧接地闸刀置合位,则母线闸刀、线路闸刀均应不能进行合闸操作	
3	开关合位	开关置合位,则母线闸刀、线路闸刀均应不能分合闸操作	
4	开关线路侧接地闸刀合位	开关线路侧接地闸刀置合位,则母线闸刀、线路闸刀均应不能合闸操作	

序号	验证内容	验证方法	验收情况
5	线路闸刀合位	线路闸刀置位,则开关母线侧接地闸刀、开关线路侧接地闸刀、线路接地闸刀均应不能合闸操作	
6	线路接地闸刀合位	线路接地闸刀置位,则线路闸刀应不能合闸操作	
7	母线接地闸刀合位	母线接地闸刀置位,则母线闸刀应不能合闸操作	

(二)"双确认"装置验收

根据现场运行规程等要求,电气设备远方操作判断位置时,至少应有两个非同样原理或非同源的指示发生变化,且这些确定的指示均已同时发生对应变化,方可确认设备已操作到位。因此,对于"一键顺控"而言,电气设备在操作过程中的位置变化同样需要进行"双确认"。具体到实际应用中,隔离开关位置"双确认"的主判据采用分、合双辅助接点的位置信号;辅助判据则较为多样,目前以视频"双确认"型(配置视频分析终端,利用深度学习等算法进行图像识别)、微动开关"双确认"型(加装微动开关信号)、磁感应"双确认"型(加装磁感应传感器信号)等方案应用较为广泛,"双确认"验收内容见表3-4。

表3-4　　　　　　　　　　　　　　　"双确认"验收内容

验收内容	验收方法	技术要求	验收情况
传感器应满足防水、防潮,动作可靠、性能稳定、信号传输稳定,能够承受正常操作产生的振动要求,且二次电缆安装连接牢固、合格,动作准确率达100%,且传感器的安装和使用全过程不会对一次设备产生影响	通过操作闸刀变位,核对监控后台、智能"五防"机点位		

以磁感应"双确认"型为代表,表3-5列出了某110kV线路间隔的隔离开关位置在"双确认"验收过程中需要核对的内容,其核心内容就是验证现场磁感应装置动作的正确性、稳定性,监控后台及智能五防机实时遥信功能。

表3-5　　　　　　　　　　　　　　　"双确认"闸刀点位核对

110kV ××线路间隔	"一键顺控"后台		现场磁感应位置	智能"五防"主机位置
	位置节点上送	磁感应上送		
××线开关分位		—	—	
××线开关合位		—	—	
××线线路闸刀现场合位				
××线线路闸刀现场分位				
××线母线闸刀现场分位				

（三）"一键顺控"功能验收

集控站（运维班）端"一键顺控"功能验收，包括验证集控站（运维班）端通过站内Ⅰ区数据通信网关机正确调用站端"一键顺控"功能，并接收"一键顺控"执行情况的相关信息。而变电站端"一键顺控"功能验收，主要包括操作票库验收、操作任务验收、模拟预演验收、指令执行验收、监控主机与智能防误主机信息交互功能验收、操作记录验收、性能验收、安全性验收、稳定性验收等多项内容。

（1）操作票库验收。操作票库验收内容见表3-6。

表 3-6　　　　　　　　　　　　　　　　操作票库验收内容

序号	验收内容	验收方法	技术要求	验收情况
1	新建设备态功能验收	在变电站监控主机运行设备态定义工具，选择某个间隔，创建"运行态、热备用、冷备用"等设备态	能够生成"运行态、热备用、冷备用"等设备态	编辑功能不做验证
2	编辑设备态功能验收	打开已定义的设备态进行编辑，修改、增加、删除设备态的条件。在设备态定义工具中按间隔拷贝设备态，快速生成相同类型间隔的设备态	可以对已生成的设备态进行编辑，具备间隔拷贝粘贴功能	编辑功能不做验证
3	设备态内容验收	在监控主机运行"一键顺控"程序，新建操作任务，选择操作对象，核对当前状态，查看当前选择的操作对象具有的设备态	能够查看到当前选择的操作对象已定义的所有设备态，且设备态状态计算正确，并应在设备态左侧用图元显示设备态是否满足	
4	设备态更新验收	某个设备态当前是满足的，在监控主机上改变此设备态的某些条件关联操作对象的状态，观察此设备态是否会变为不满足。某个设备态当前是不满足的，在监控主机上改变此设备态的某些条件关联操作对象的状态，使所有条件都满足，观察此设备态是否会变为满足	在监控主机查看此设备态，此设备态的当前状态能根据条件的变化更新	
5	新建顺控操作票验收	在监控主机运行顺控操作票定义工具，指定当前设备态、目标设备态，新建一张顺控操作票，然后添加遥控、软压板切换、提示等类型的操作步骤	能够成功生成顺控操作票	
6	编辑顺控操作票验收	在监控主机运行顺控操作票定义工具，打开一张顺控操作票进行编辑，设置某个操作项目的任务描述、执行前条件、确认条件、延时时间、超时时间、顺控闭锁信号、出错处理方式等参数。在顺控操作票定义工具中按间隔拷贝顺控操作票，快速生成相同类型间隔的顺控操作票	能够编辑顺控操作票，能够设置操作项目的任务描述、执行前条件、确认条件、延时时间、超时时间、顺控闭锁信号、出错处理方式，具备间隔拷贝粘贴功能	编辑功能不做验证
7	删除顺控操作票验收	在监控主机运行顺控操作票定义工具，删除一张操作票库中的顺控操作票	能够删除指定的顺控操作票	编辑功能不做验证

序号	验收内容	验收方法	技术要求	验收情况
8	操作票库自检功能验收	在监控主机运行顺控操作票定义工具，新建一张顺控操作票，使其操作对象、当前设备态、目标设备态与已有的一张顺控操作票相同	新建的顺控操作票应创建失败，提示操作票库中已有一张相同的顺控操作票	编辑功能不做验证
9	查看顺控操作票验收	在监控主机运行"一键顺控"程序，选择操作对象、核对当前状态、选择目标状态、生成操作任务，调出已定义的顺控操作票	监控主机能够查看到当前操作任务对应的顺控操作票	—
10	操作票库维护日志功能验收	在监控主机查询顺控票的生成、修改、删除日志	顺控票生成、修改、删除等操作均应记录并能方便查询	编辑功能不做验证

（2）操作任务验收。操作任务验收内容见表3-7。

表3-7　　　　　　　　　　操作任务验收内容

序号	验收内容	验收方法	技术要求	验收情况
1	权限校验	在监控主机运行"一键顺控"程序，弹出权限校验对话框，操作人员、监护人员进行权限校验时输入错误的口令或指纹	操作人员、监护人员同时进行"账号+密码或生物特征识别"双因子验证，若输入错误的口令或指纹，权限校验不通过，禁止操作	—
2	核对当前状态验收	运行"一键顺控"程序，选择需要操作的间隔，选择和生成任务要求的当前设备态一致的设备态，可以单击确定按键完成核对当前状态；选择和生成任务要求的当前设备态不一致的设备态，应禁止后续操作，无法生成任务	选择的设备态和生成任务要求的当前设备态一致才可确认当前状态，否则禁止确认	—
3	生成任务验收	运行"一键顺控"程序，选择操作对象、核对当前状态、选择目标状态，单击确定按键，生成操作任务	能根据指定的操作对象、当前设备态、目标设备态调取预制的顺控操作票，在操作项目列表中显示该任务所有的操作项目信息，在操作条件、目标状态列表中显示操作条件、目标状态。操作条件应能根据设备名称自动分类整理。目标状态应能根据操作项目顺序自动分类整理	—
4	添加多个操作任务验收	运行"一键顺控"程序，新建操作任务，选择操作对象、核对当前状态、选择目标状态，单击确定按键，生成一个操作任务；继续添加操作任务，选择相同的操作对象、核对当前状态、选择目标状态，单击确定按键，添加不同状态的操作任务；继续添加操作任务，选择不同的操作对象、核对当前状态、选择目标状态，单击确定按键，添加一个操作任务	在新建的操作任务生成后的模拟断面上判断下一操作任务的当前设备态是否满足，若不满足应禁止任务组合。多个操作任务组合后在操作任务列表中显示，组合后的操作项目在操作项目列表中显示，组合后的操作条件、目标状态在操作条件列表、目标状态列表中显示	—

（3）模拟预演验收。模拟预演验收内容见表3-8。

表 3-8 模拟预演验收内容

序号	验收内容	验收方法	技术要求	验收情况
1	预演使能验收	运行"一键顺控"程序，生成任务成功后，查看"预演"按键是否使能	生成任务前，"预演"按键应禁用；生成任务成功后，操作条件列表全部满足，"预演"按键才使能，否则应禁用。"预演"按键使能后，点击"预演"按键后可以开始对操作票进行自动预演	—
2	预演前当前设备态核实验收	"预演"按键使能后，在监控主机上改变设备态的条件，使其状态发生变化，使指令中的当前设备态与操作对象的实际状态不一致	点击"预演"按键后应提示"当前设备态不满足"错误	—
3	各步预演间隔时间验收	在"一键顺控"界面上单击"预演"按键，启动预演过程	应按照设置时间正确完成预演流程，各步预演间隔时间应与预设时间一致	—

（4）指令执行验收。指令执行验收内容见表 3-9 所示。需要指出的是，"一键顺控"指令验收前应进行安措布置，验收完毕后再将安措进行恢复。

表 3-9 指令执行验收内容

序号	验收内容	验收方法	技术要求	验收情况
1	执行使能验收	运行"一键顺控"程序，模拟预演成功后，查看"执行"按键是否使能	模拟预演成功前，"执行"按键应禁用；模拟预演成功后，操作条件列表全部满足，"执行"按键才使能，否则应禁用。"执行"按键使能后，点击"执行"按键后可以开始操作票自动执行	—
2	执行前当前设备态核实验收	"执行"按键使能后，在监控主机上改变设备态的条件，使其状态发生变化，使指令中的当前设备态与操作对象的实际状态不一致	点击"执行"按键后应提示"当前设备态不满足"错误	—
3	检查操作条件验收	指令执行过程中，改变某个操作条件，使其状态发生变化，使操作条件列表中有部分条件不满足	应终止指令执行并提示错误	—
4	顺控闭锁信号判断验收	指令执行过程中，改变闭锁信号状态，使发生闭锁信号	应终止指令执行并提示错误，点亮"异常监视"指示灯	厂家配合
5	全站事故总判断验收	指令执行过程中，产生全站事故总信号	应终止指令执行并提示错误，点亮"事故信号"指示灯	厂家配合
6	单步执行前条件判断验收	指令执行过程中，在监控主机上配置本步操作的执行前条件，使其不满足	应终止操作，并弹出提示错误，点亮"异常监视"指示灯	厂家配合
7	单步监控系统内置防误闭锁校验验收	指令执行过程中，改变监控主机内置的防误逻辑，使其校验不通过	应终止操作，并弹出提示错误，点亮"内置防误闭锁"指示灯	厂家配合
8	单步智能防误主机防误校核验收	指令执行过程中，改变独立智能防误主机的防误逻辑，使其校验不通过	应终止操作，并弹出提示错误，点亮"智能防误校核"指示灯	厂家配合
9	单步智能防误主机防误校核结果可忽略验收	指令执行过程中，改变独立智能防误主机的防误逻辑，使其校验不通过	应能选择忽略单步智能防误主机防误校核失败的错误提示，权限校验通过后可以继续操作	—

序号	验收内容	验收方法	技术要求	验收情况
10	指令执行验收	点击"执行"按键后开始操作票自动执行	指令执行过程结果应逐项显示,执行每一步操作项目之后应更新操作条件、目标状态	—
11	暂停继续验收	执行过程中,单击"暂停"按键	单击"暂停"按键可以暂停操作过程,暂停后"暂停"按键上的描述应变为"继续",单击"继续"可继续执行	—
12	终止执行验收	执行过程中,单击"终止"按键	单击"终止"按键应终止执行过程	—
13	单步确认条件判断验收	本步执行结束后,在监控主机上改变本步操作的确认条件,使其不满足	应自动暂停执行操作,并弹出提示错误	厂家配合
14	设置单步执行结束后的延时时间验收	应能设置执行结束后确认判断的延时时间,范围为10~200s	超过延时时间后确认条件仍不满足应弹出提示错误	—
15	各步执行间隔时间验收	在"一键顺控"界面上单击"执行"按键,启动执行过程	应按照设置时间正确完成执行流程,各步执行间隔时间应与预设时间一致	—

（5）监控主机与智能防误主机交互功能验收。监控主机与智能防误主机信息交互功能验收内容见表3-10。

表3-10　　　　监控主机与智能防误主机信息交互功能验收内容

序号	验收内容	验收方法	技术要求	验收情况
1	模拟预演经智能防误主机防误校核验收	运行"一键顺控"程序,生成任务,智能防误主机改变防误规则,在智能防误主机校验不满足的情况下,下发操作票预演命令后,观察预演过程是否会被闭锁	预演过程中智能防误主机提示"五防"规则校验失败	—
2	指令执行经智能防误主机防误校核验收	运行"一键顺控"程序,生成任务,智能防误主机改变防误规则,在智能防误主机校验不满足的情况下,下发操作票执行命令后,观察执行过程是否会被闭锁	执行过程中智能防误主机提示五防规则校验失败	—
3	模拟预演经双套防误校核验收	运行"一键顺控"程序,生成任务,改变监控主机和智能防误主机防误规则,使监控主机防误闭锁校验不满足,智能防误主机防误校核满足,下发操作票预演命令后,观察预演过程是否会被闭锁。改变监控主机和智能防误主机防误规则,使监控主机防误闭锁校验满足,智能防误主机防误校核不满足,下发操作票预演命令后,观察预演过程是否会被闭锁	模拟预演过程中双套防误校核应并行进行,双套系统均校验通过才可继续执行;若校核不一致应终止操作,并提示详细错误信息	—
4	指令执行经双套防误校核验收	运行"一键顺控"程序,生成任务,改变监控主机和智能防误主机防误规则,使监控主机防误闭锁校验不满足,智能防误主机防误校核满足,下发操作票执行命令后,观察执行过程是否会被闭锁。改变监控主机和智能防误主机防误规则,使监控主机防误闭锁校验满足,智能防误主机防误校核不满足,下发操作票执行命令后,观察执行过程是否会被闭锁	指令执行过程中双套防误校核应并行进行,双套系统均校验通过才可继续执行;若校核不一致应终止操作,并提示详细错误信息	—

（6）操作记录验收。操作记录验收内容见表3-11。

表 3-11 操作记录验收内容

序号	验收内容	验收方法	技术要求	验收情况
1	操作记录生成及查询验收	运行"一键顺控"程序，生成任务，模拟预演，指令执行，上述操作生成操作记录；在监控主机上查询操作记录	操作记录应包含顺控指令源、执行开始时间、结束时间、每步操作时间、操作用户名、操作内容等信息	—
2	操作记录打印验收	在监控主机上查询操作记录，打印操作记录	具备操作记录应打印功能	—
3	操作记录导出验收	在监控主机上查询操作记录，导出操作记录	具备操作记录导出功能	—

（7）性能验收。性能验收内容见表3-12。

表 3-12 性能验收内容

序号	验收内容	验收方法	技术要求	验收情况
1	设备态刷新时间验收	在监控主机上改变设备态的条件，使设备态状态发生变化，在监控主机上查看设备态的更新速度	设备态值的刷新响应时间应不大于2s	—
2	操作任务生成时间验收	在"一键顺控"界面上选择操作对象、核对当前状态、选择目标状态，单击确定按键，生成操作任务	单击确定按键后操作任务的生成时间应不大于2s	—
3	模拟预演经监控系统内置防误闭锁校验时间验收	运行"一键顺控"程序，生成任务，包含30个操作项目，监控主机配置防误规则，在防误闭锁校验不满足的情况下，下发操作票预演命令后，记录下发操作票预演命令的时间和接收到校核结果返回的时间，查看两个时间差	下发操作票预演命令的时间和接收到校核结果返回的时间的时间差不大于10s	—
4	指令执行经监控系统内置防误闭锁校验时间验收	运行"一键顺控"程序，生成任务，监控主机配置防误规则，在防误闭锁校验不满足的情况下，下发操作票执行命令后，记录下发操作票执行命令的时间和接收到校核结果返回的时间，查看两个时间差	下发操作票执行命令的时间和接收到校核结果返回的时间的时间差不大于3s	—
5	模拟预演经智能防误主机防误校核时间验收	运行"一键顺控"程序，生成任务，包含30个操作项目，在智能防误主机校验不满足的情况下，下发操作票预演命令后，记录向智能防误主机发送防误校核命令的时间和接收到校核结果返回的时间，查看两个时间差	向智能防误主机发送防误校核命令的时间和接收到校核结果返回的时间的时间差不大于10s	—
6	指令执行经智能防误主机防误校核时间验收	运行"一键顺控"程序，生成任务，在智能防误主机校验不满足的情况下，下发操作票执行命令后，记录向智能防误主机发送防误校核命令的时间和接收到校核结果返回的时间，查看两个时间差	向智能防误主机发送防误校核命令的时间和接收到校核结果返回的时间的时间差不大于3s	—

（8）安全性验收。安全性验收内容见表3-13。

表 3-13 安全性验收内容

序号	验收内容	验收方法	技术要求	验收情况
1	用户标识验收	新建用户 A 后再删除该用户,新建与其同名的用户,检查是否可新建成功;若可新建成功,检查两次新建的同名用户是否有不同的唯一标识	系统应对所有登录用户进行身份标识且标识唯一	—
2	用户鉴别验收	查看系统是否基于"账号+密码或生物特征识别"鉴别方式对用户身份进行鉴别;尝试执行系统中的敏感操作(如遥控操作),检查系统是否需要对用户进行再次鉴别	系统应提供基于"账号+密码或生物特征识别"鉴别技术对用户身份进行鉴别;应对使用者在被授予敏感权限(如遥控操作)之前进行鉴别	—
3	用户口令规范验收	查看系统是否具备用户弱口令周期自动检测告警功能;用户鉴别信息复杂度的最低限制是否满足:长度不小于8位字符,复杂度为大写字母、小写字母、数字、特殊字符中的三种或三种以上的组合,用户口令不能与用户名相同或包含用户名;使用 3 个月未更换过口令的用户登录系统,检查系统是否强制其修改口令;更换用户口令与上次的口令相同,检查是否可更换成功	应具备用户弱口令周期自动检测告警功能,对于弱口令或重复口令用户,限制其登录系统,强制口令修改时间间隔,用户口令应在系统中加密存储;应限制用户口令的有效期,并限制用户在更改口令时使用重复口令	—
4	鉴别失败验收	尝试用户连续登录失败的操作,24小时内用户登录系统失败次数到达设置次数后,检查用户是否能被锁定,当到达设置的锁定时间后,检查用户是否能自动解锁	应具备用户登录失败检测功能,用户登录失败达到指定失败次数后,监控主机及智能防误主机应能采取一定的行动:使账号失效、关闭客户端、结束会话、通知管理员	—
5	远方操作安全验收	查看系统是否具备远方操作权限功能,在操作监护过程中,确认当班运维人员、当前登录调度数字证书、集控站(运维班)端监控工作站等信息是否一致	应具备远方操作权限控制功能,应支持当班运维人员、当前登录调度数字证书、集控站(运维班)端监控员工作站等信息的一致性检验	—
6	用户角色验收	查看系统的角色列表,检查系统是否设置运维人员、系统管理员角色	应支持基于运维人员、系统管理员等角色的访问控制功能	—
7	访问控制策略验收	检查系统不同角色间权限是否互斥,是否可将不同的角色授予同一用户	应支持角色与权限的绑定,不同角色人员应按照工作范围、职责分工分配相应的访问控制权限;应支持角色互斥功能,禁止配置同时具有控制和维护修改权限的角色,系统中不得存在超级管理员角色	—
8	故障与恢复验收	检测系统是否在故障(断电、重启、网络断开、服务异常终止等情况)发生时能够继续提供一部分功能,系统能够记录故障发生的状态。故障修复后,检查系统能够恢复正常运行	应具备自动保护和恢复功能	—

(9)稳定性验收。稳定性验收内容见表3-14。

表 3-14　　　　　　　　　　　稳定性验收内容

验收内容	验收方法	技术要求	验收情况
"一键顺控"功能的稳定性验收	在监控主机运行"一键顺控"操作软件，进行生成任务、模拟预演、指令执行等操作	"一键顺控"功能相关的监控主机、智能防误主机等设备同时投入运行，连续运行试验 72h。试验过程中可抽测系统是否符合功能及性能要求。试验结束后应逐项测试系统是否符合功能及性能要求。如试验中出现关联性故障则终止连续运行试验，故障排除后重新开始计时试验。如试验中出现非关联性故障，故障排除后继续试验。排除故障过程不计时	厂家出具报告

第二节　作业风险辨识预控

一、不停电作风险辨识及预控

不停电作业期间的风险点及其预控措施见表 3-15。

表 3-15　　　　　　　不停电作业期间的风险点及其预控措施

序号	施工内容	风险点	预控措施
1	施工用电	低压触电	（1）现场电源盘应试验合格，电源进线端严禁采用插头和插座做活动连接。 （2）仪器、电动工具外壳应当可靠接地。 （3）低压空气开关容量应符合要求，并配备足够的电源插座，做好施工电源电缆的安全防护。 （4）施工电源需要有专人管理，确保每天收工前关闭施工电源
2	电缆敷设	误碰运行电缆	明确工作任务和清楚作业范围，核对图纸和各装置之间的关系，电缆敷设时做好与运行电缆的隔离措施，防止误碰、损伤运行电缆
		孔洞封堵	（1）电缆穿孔应防小动物票，孔洞应用防火涂料堵死，二次电缆孔洞开凿需有专人监护，防止误碰运行电缆。 （2）在做好电缆防护的同时，工作人员之间相互监护，防止电缆支架、盖板误伤人员
		人员跌落	做好电缆沟防人员跌落措施，并用围栏有效隔离，每日收工后用围栏可靠封闭，并做好明显标志，防止人员误入跌落
3	施工	误入间隔	严禁跨越现场安全围栏，误入运行间隔，误碰带电设备，有必要时应征得运行人员于工作负责人同意，并必须及时恢复至许可状态
4	物料堆放	随意放置	做好现场设备定置管理，确保有序摆放，每日收工做到工完料尽场地清
5	后台工作	误连至运行设备	后台初调时做好与运行设备的隔离措施，防止调试时，命令误出口
6	五防工作	设备失去五防闭锁	五防初调时需保证设备五防闭锁功能齐全，严禁设备失去"五防"闭锁功能，有必要时需要向运行人员许可，并严格按照审批流程执行
7	施工人员	未交底	对于外来人员管理，需要签订施工安全协议，明确双方应承担的责任和义务。提供技术服务的厂方人员，各专业班组必须对他们进行详细的技术交底，明确工作范围和工作地点，并做好安全交底记录。工作过程中，专业班组要做好安全监护，确保安全生产和安装质量

二、停电作业风险辨识及预控

停电作业期间的风险点及其预控措施见表 3-16。

表 3-16 　　　　　　　　　　停电作业期间的风险点及其预控措施

序号	施工内容	风险点	预控措施
1	登高作业	坠落	（1）登高作业前工作人员必须再一次检查保险带、登高梯等器具，上下梯时要有人扶梯、保护，工器具使用要注意防止跌落。 （2）搬运梯子等长物，应两人放倒搬运，并保持与带电设备的足够的安全距离，220kV≥3.0m、110kV≥1.5m、10kV≥0.7m
2	装置安装	未能恢复至初始状态	闸刀机构箱打开前，需要拍照记录设备初始状态，待工作结束后，按图将设备恢复至初始状态
		误碰设备	机构箱开启后，安装传感器过程中，严禁误碰闸刀机构箱内设备
		回路未隔离	在运行屏上进行准备工作时，应将运行端子用绝缘胶布包好，做好隔离措施
3	参数下装	未做好备份	"五防"、后台参数更改后，下装前需要做好数据备份，严格按照自动化工作管理规定执行
4	遥控试验	误动运行设备	（1）遥控试验前，将运行间隔近远控切换开关切至就地位置，防止关联错导致误动运行设备。 （2）每天停役方式变化，开工前做好三交三查，加强安全监护
5	验收	设备无法可靠运行	将小机构加热器及电机电源空开闭合，将控制电源接通，电动分合动作 2 次，确认动作正常无异响
		封堵	（1）验收时检查汇控柜、电缆沟等工作地点是否封堵良好。 （2）更换完毕后，检查机构内部是否有工具及多余标准件，注意清洁
6	设备调试	未隔离带电部分	（1）传感器安装及接线调试，需要停电改造，确保人员安全。改造作业前确认加热器及电机空开已拉开，确认机构控制电源已拉开。 （2）后台初调时做好与运行设备的隔离措施，防止调试时，命令误出口
7	工作前	未验电	工作前对机构内部二次电源进行验电，确认二次电源断开，并切断柜内机构控制电源和电机电源空开，切断加热照明回路电源空气开关

三、验收调试风险辨识及预控

根据变电站"一键顺控"技术应用指导意见，在对"一键顺控"功能进行全方面验收调试时，为了保障验收过程安全可靠，验收方案应按以下原则制订。

（一）监控系统防误逻辑验收

监控系统防误逻辑验收时，先解除与智能防误主机防误校验，严格按照经过审核通过的防误逻辑表，在监控主机上进行模拟操作，验证监控系统防误逻辑正确性、完整性。包括验证全站与测控装置联闭锁一致性（站控层）、测控装置联闭锁正确性（间隔层），现场可根据实际情况，利用监控系统联闭锁可视化及校验工具对监控系统防误逻辑进行验收。

（二）智能防误主机防误逻辑验收

智能防误主机逻辑验收，通过模拟开票操作，验证智能防误主机内置逻辑正确性、完整性。

（三）"双确认"装置验收

（1）各传感器应满足防水、防潮，动作可靠、性能稳定、信号传输稳定，能够承受正常操作产生的振动要求，且二次电缆安装连接牢固、合格，动作准确率达 100%，且传感器的安装和使用全过程均不会对一次设备产生影响。

（2）各传感器需满足能够承受隔离开关分合闸时拉弧产生的强放电及强磁场的影响，不应因任何外界的电磁干扰导致部分或全部功能丧失，且不应误发信号。

（3）"一键顺控"设备安装调试单位应向业主单位提交"微动开关安装调试报告"或"磁感应传感系统安装调试报告"、装置清单、装置产品说明书等材料。

（四）"一键顺控"功能验收

集控站（运维班）端"一键顺控"功能验收，包括验证集控站（运维班）端通过站内Ⅰ区数据通信网关机，正确调用站端"一键顺控"功能，并接收"一键顺控"执行情况的相关信息；变电站端"一键顺控"功能验收主要包括操作票库验收、操作任务验收、模拟预演验收、指令执行验收、监控主机与智能防误主机信息交互功能验收、操作记录验收、性能验收、安全性验收、稳定性验收等。

第三节　改造工程实施管理

一、传感器改造安装基本要求

微动开关/磁感应传感器的安装位置应尽量靠近传动链末端，应满足易安装、易维护、易拆卸的要求。安装在机构箱内时，传感器及信号线防护等级由机构箱保证；安装在外部时（如瓷柱下端位置）要满足户外环境使用条件、防护等级要求，必要时加装防护壳。

采用电缆通信方式将隔离开关微动开关/磁感应传感器位置信号传输至就地控制柜，在就地控制柜内，将三相微动开关/磁感应传感器无源节点信号与辅助开关的判断逻辑分相接入变电站测控装置，测控装置通过光纤（网线），以报文方式将分相位置信息上传至顺控（监控）主机。

隔离开关分合闸位置"双确认"的判断，采用辅助开关信号和微动开关/磁感应传感器信号分别作为判据，且满足机械"不同源"的要求，并在"双确认"时间差之后判断两个信号状态，如不一致则终止操作，判断逻辑如图3-1所示，该逻辑信号接入测控装置。

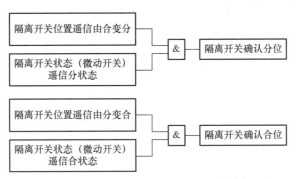

图 3-1 隔离开关分合闸位置"双确认"判断逻辑

二、AIS 变电站"一键顺控"改造工程管理（不停电、停电、验收调试）

（一）双柱水平旋转式隔离开关

GW4-126 型隔离开关为敞开式三相机械联动结构，机构为边相布置，利用一台操动机构通过垂直连杆及相间连杆同时控制 A、B、C 三相隔离开关触头的断开与导通。

A、B、C 三相分别安装微动开关作为"辅助判据"，在机构箱内部端子排上增加一对微动开关接点信号，在三相非主动侧瓷瓶末端轴承座底部安装微动开关。

每组隔离开关需对三相进行改造。每相在轴承座底部安装一个固定板、两个微动开关，在轴承座法兰轴安装两个触块，连接电缆并将电缆接入机构箱端子排。

现场本体具体改造方案如下：

（1）变电站内需要改造的设备须退出运行。

（2）松动三相非主动侧轴承座底部及法兰盘两个螺栓。

（3）安装微动开关模块及触块。

（4）将三相二次电缆用金属软管防护后用德式管夹与抱箍固定在对应横梁或支柱上。

（5）开挖地面，埋设钢管，将三相微动开关信号电缆穿入钢管，并引入电动机构箱中。

（6）在汇控柜内增加端子排，并将三相微动开关信号电缆线压接在端子排上，并进行相关标识。

（二）三柱水平旋转式隔离开关

GW7F-252 型隔离开关为敞开式三相机械联动结构，机构为中相布置，利用一台操动机构通过垂直连杆及相间连杆同时控制 A、B、C 三相隔离开关触头的断开与导通。

隔离开关分、合闸位置信号通过辅助开关接点信号作为"主要判据"，A、B、C 三相分别安装微动开关作为"辅助判据"，达到"双确认"的目的。在机构箱内部端子排上增加一对微动开关接点信号，在每相中间旋转瓷瓶末端轴承座底部安装微动开关。

（三）单柱垂直伸缩式隔离开关

GW22A-252，GW16-252 型隔离开关为敞开式三相机械联动结构，机构为中相布置，利用一台操动机构通过垂直连杆及相间连杆同时控制 A、B、C 三相隔离开关触头的断开与导通。

（四）双柱水平伸缩式隔离开关

GW23A-252 型隔离开关为敞开式三相机械联动结构，机构中相布置，利用一台操动机构通过垂直连杆及相间连杆同时控制 A、B、C 三相隔离开关触头的断开与导通。

三、GIS 变电站"一键顺控"改造工程管理（不停电、停电、验收调试）

（一）具有外露连杆的GIS隔离开关

西电西开公司 ZF1-252 型 GIS 用隔离开关为分箱式、三相机械联动结构，机构为中相布置，通过相间连杆及传动同时控制 A、B、C 三相隔离开关分、合闸操作。

在中间相（B 相）机构箱内部"启停电机"用的微动开关上增加一对接点信号，距离机构最远的边相（A 相或 C 相）在输出拐臂限位固定板上安装微动开关。户外设备以分合闸限位板的螺栓为固定点，安装防护罩对微动开关进行防护，避免杂物进入动作轨道导致位置指示不准确。

现场本体具体改造方案如下：

（1）变电站内需要改造的设备须退出运行。

（2）拆除隔离开关边相与中相连接的连杆及拐臂，拆除前须对拐臂、主轴与本体及拐臂与连杆的相对位置进行标识，确保恢复安装后拐臂、主轴、连杆、本体相对位置不发生改变。

（3）对边相现有限位弯板进行打孔、攻丝。

（4）依次安装新的弯板、拐臂、刻度盘、指示针、微动开关及支撑板、防护罩。

（5）拆除隔离开关机构箱外壳。

（6）在微动开关的固定板及机构内部面板上进行打孔和攻丝作业。

（7）在主轴两侧更换微动开关，安装刻度盘及指针。

（8）将更换后的微动开关节点并入机构插件。

（9）安装完成后，恢复隔离开关中相与边相之间的相间连杆。

（10）更换隔离开关机构与汇控柜连接电缆。

（11）将边相微动开关的信号电缆引入汇控柜。

（12）在汇控柜内增加端子排，并将中相微动开关和边相微动开关信号电缆线压接在端子排上，并进行相关标识。

（二）无外露连杆的GIS 隔离开关

河南平芝高压开关有限公司 ZFW52-550 型 GIS 为分箱式、每相独立操动机构，无外露连杆结构。在隔离开关输出主轴处将原控制操作机构电机启停的单接点微动开关更换为双接点微动开关，或在原单接点微动开关上增加一对单接点微动开关，一对接点控制机构电机，另一对接点用于隔离开关"双确认"，新增接点引线至插接件，与原隔离开关辅助触点作为分合闸判断信号不同源信号。新增微动开关接点与原辅助开关触点通过电缆引至汇控柜端子排。

现场本体具体改造方案如下：

（1）需对操作机构进行作业，因此变电站内需要改造的设备均需退出运行。

（2）拆除机构箱盖，对隔离开关操作机构内微动开关更换为双接点微动开关或双排单接点微动开关，原则上尽量不进行现场机械加工操作，避免在机构箱内产生异物。

（3）新增的"双确认"微动开关信号线引至操作机构直流插接件预留插芯，更换隔离开关机构至汇控柜连接电缆。

（4）在汇控柜内增加"一键顺控"用端子排，标记相关标识，配线。

（5）对改造后机构进行调试，调至微动开关分、合闸信号滞后于辅助开关分、合闸信号。

（三）系统联合调试

根据现场停电计划，可采用以下方案

（1）单间隔轮停调试方案。母线不停电时依次将调试间隔转为冷备用状态，并依次进行各间隔"一键顺控"功能调试。

可逐间隔带电完成"双确认"位置标定、"双确认"时间差测量、部分防误逻辑校验以及变电站和集控站等系统的遥控验证、单间隔顺控操作等。

（2）按电压等级分区域停电调试方案。该电压等级设备转为冷备用状态，并在该状态下进行该电压等级各间隔"一键顺控"功能调试。

可一次性按电压等级集中完成除变压器间隔外其他所有间隔"双确认"位置标定、"双确认"时间差测量、防误逻辑校验以及变电站和集控站等系统的遥控验证、顺控操作等调试。

（3）整站停电调试方案。全站设备转为冷备用状态，并在该状态下进行所有间隔"一键顺控"功能调试。

可一次性集中完成所有间隔"双确认"位置标定、"双确认"时间差测量、防误逻辑校验以及在变电站和集控站等系统的遥控验证、顺控操作等调试。

（四）"一键顺控"功能验收

（1）验收报告：设备安装调试单位、方案设计单位、运行管理单位在验收时，应按照要求提交相关技术报告：

1）设备安装调试单位应提交"微动开关/磁感应传感器安装调试报告"、装置清单、装置产品说明书。

2）方案设计单位应提交《系统方案设计报告》，报告中应包含在项目实施中发生的增补变更内容。

（2）验收内容：应能实现技术规范书和产品说明书全部功能。

（五）安全保障

在变电站"一键顺控"改造、验收及调试过程中，应制定详细的安全保障方案，采取切实有效的安全保护措施，严格遵守相关安全管理制度。

（六）联调验收作业风险辨识预控

相关内容可参考本章第一节的相关内容。

第四章

"一键顺控"设备运维检修管理

第一节　一　般　规　定

"一键顺控"系统设备状态确认应为"双确认"原则，即不同源信号共同确认。其中断路器"双确认"应采用"位置遥信+遥测"判据实现，隔离开关应采用"位置遥信+另一源位置"判据实现。

"一键顺控"系统设置相应的操作人、监护人权限，操作及监护权限校验时必须进行双因子验证（口令+指纹/电子证书），所有人员口令必须具有差异性，每三个月内由运维人员个人修改口令一次，且为数字+字母+符号形式的非简单密码，严禁使用超级用户操作权限。

变电站典型操作票由两部分组成，包括"一键顺控"典型操作票部分和常规典型操作票部分，由各运维单位进行审批，并报备运检部、安监部。

"一键顺控"操作票应根据变电站现行典型操作票进行编制，对于可实现"一键顺控"操作项目进行梳理，通过"一键顺控"实现操作，对于设备位置检查，空开、硬压板操作等无法实现"一键顺控"操作的项目必须保留在"一键顺控"操作票中。

"一键顺控"系统宜建立操作票库，智能变电站"一键顺控"应涵盖全站一次、二次设备（包含软压板）。"一键顺控"操作顺序按照运行转热备用，热备用转冷备用，同理可以恢复供电操作。

"一键顺控"的逻辑（操作、闭锁）条件、五防逻辑库、"一键顺控"典型操作票以及应急处理措施等内容应在现场运行专用规程中予以明确。

"一键顺控"系统在投入运行之前或"一键顺控"逻辑修改后，其操作逻辑、操作条件、操作票库，智能防误系统五防规则应经运维单位审批，向运检部、安监部备案。审核通过并写入系统后任何人不得私自修改。若有设备新投、改造或名称变更原因引起的修改，应再次履行审批及报备手续。

模拟预演和指令执行过程中应严格执行双套防误校核的原则，一套为监控主机内置的防误逻辑闭锁，另一套为独立智能防误主机的防误逻辑校验，两套系统宜采用不同厂家配置。模拟预演和指令执行过程中应执行双套防误校核，双套系统均校验通过才可继续执行；若校核不一致应终止操作。

变电站倒闸操作优先使用"一键顺控"进行操作，若遇操作过程中出现特殊情况中断（设备原因导致无法继续操作或者调度通知的中断操作），系统应具备操作中断并转为常规操作的功能，若因设备原因导致操作条件不具备或者操作中断者，系统应报出中断操作原因。

系统发生异常时，需要紧急停运（如母线绝缘子严重放电、避雷器泄漏电流超标、系统震荡、母线失压等）处理的事故或异常，可优先采用"一键顺控"进行操作。

发生下列情况时，禁止使用"一键顺控"功能：

（1）"一键顺控"系统本身出现严重缺陷，影响"一键顺控"系统正常运行时。例如"一键顺控"系统死机、与智能防误主机通信中断、无法进行设备位置同步等。

（2）出现全站事故总及影响本次操作的异常信号时，例如隔离开关电机故障、SF_6 压力低、控制回路断线等影响到"一键顺控"操作条件判断的，在事故总及异常信号未消除之前，禁止使用"一键顺控"进行操作。

（3）后台监控系统或自动化系统上有工作时可能影响到逻辑正常判断或信号传输时。

（4）因间隔改（扩）建、一二次设备技改（大修）、"一键顺控"系统改造、逻辑变更等，未履行"一键顺控"逻辑审批和"一键顺控"功能验收的。

（5）网络信息安全出现漏洞或遇网络攻击时。

"一键顺控"操作票原则上应由 PMS 出票，若遇 PMS 系统异常或暂时无法出票时，可以通过线下出票，线下票面格式与 PMS 格式保持一致。

"一键顺控"相关特殊事项，应在变电站现场运行专用规程中进行明确。

第二节 巡 视 管 理

（一）巡视要求

（1）"一键顺控"巡视包括集控站（运维/检班）端、变电站端顺控巡视，集控站端顺控巡视由监控人员在集控站完成，运维/检班、变电站端顺控巡视由运维人员完成。

（2）集控站（运维/检班）端顺控巡视列入交接班内容，变电站端顺控巡视列入例行→巡视（参考附录 A）和全面巡视（参考附录 B）项目。变电站端顺控巡视时需按照事先编制好的巡视作业指导卡，对照项目逐项检查确认，做好巡视记录，并将资料存档。

（3）Ⅲ级及以上倒闸操作风险，监控人员应提前对集控站端"一键顺控"系统进行检查，运维人员应对运维/检班、变电站端顺控操作相关的设备开展一次特殊巡视，确保"一键顺控"运行正常。

（二）站端巡视管理

（1）"一键顺控"相关设备巡视检查，分为例行巡视、全面巡视、专业巡视，巡视周期按照变电运检五项通用制度执行。

（2）例行巡视是指对"一键顺控""双确认"装置外观、信号指示、监控主机、智能防误主机数据刷新等方面的常规性巡查，具体巡视项目按照巡视卡执行。

（3）全面巡视是指在例行巡视项目基础上，检查微机防误系统、测控及智能终端及相关二次回路正常，GOOSE链路图和SV链路图无断链告警等，具体巡视项目按照巡视卡执行。

（4）专业巡视指为深入掌握设备状态，由开关、自动化专业人员开展对设备的集中巡查。

第三节 操 作 管 理

一、"一键顺控"操作原则及范围

（一）"一键顺控"操作原则

（1）对于"一键顺控"功能验收合格、典票库审批通过、无影响"一键顺控"操作缺陷、满足设备初始和目标状态的倒闸操作，均应优先采用"一键顺控"操作。

（2）"一键顺控"操作应严格遵守安规、调规、现场运行规程等要求。

（3）采用"一键顺控"操作，均应使用经事先审核合格的操作票（数字操作票或纸质操作票），统称"一键顺控"操作票。"一键顺控"操作票应在票面内区分"一键顺控"操作步骤和人工操作步骤。

（4）集控站（运维班）端顺控操作人员依据调度下达的操作指令，操作单位是监控班的操作项目由监控人员执行，操作单位为变电站的操作项目由运维人员执行，特别重要和复杂的倒闸操作，由熟练的操作人员操作，班组负责人监护。集控站（运维班）端顺控操作异常中断，无法恢复时，转为变电站端顺控操作。

（5）纳入"一键顺控"操作范围的设备，投运前，各级运检单位应根据相关制度标准及规范修订现场运行规程、"一键顺控"操作票，经现场调试验证无误后，报本单位分管生产领导批准实施。

（6）运行至冷备用的"一键顺控"操作优先由集控站（运维班）端监控员执行；冷备用至运行的"一键顺控"操作由变电站运维人员执行。

（二）"一键顺控"操作范围

"一键顺控"操作范围包括母线、主变压器、断路器、线路的运行、热备用、冷备用互转，主要包括以下方面：

（1）750kV变电站：联络变压器、线路、220kV及以上母线、断路器；

（2）330kV变电站：主变压器、110kV及以上线路、断路器、母线等；

（3）220kV 变电站：主变压器、110kV 及以上线路、断路器、母线等；

（4）110kV 变电站：主变压器、110kV 线路、断路器、母线等。

以下操作不在"一键顺控"操作范畴：

（1）事故及异常处理；

（2）旁代操作；

（3）随一次方式变更需进行相关二次设备操作且无法通过操作步骤优化实现顺控的倒闸操作；

（4）主变压器各侧断路器目标状态不一致；

（5）主变压器中性点方式倒换；

（6）线路停送电有任何一侧涉及用户或厂站的操作；

（7）110kV 地区电网联络线。

纳入"一键顺控"操作范围的设备，监控员/运维人员在接到调度顺控指令后，应采用"一键顺控"操作方式进行顺控操作票编制。当遇有下列情况时，不允许进行顺控操作：

（1）现场运维人员未到位；

（2）调控系统功能或辅助综合监控系统功能异常影响顺控操作；

（3）一、二次设备出现影响顺控操作的事故类和异常类告警信息；

（4）顺控防误功能或顺控闭锁信号库异常；

（5）设备运维单位明确该间隔不具备顺控条件；

（6）操作所涉及设备的全部或部分监控职责已移交变电站现场；

（7）其他影响顺控操作的情况。

二、"一键顺控"操作要求

（一）开关停送电

一次设备状态发生改变后，须进行状态检查。停电操作应按照断路器—负荷侧隔离开关—电源侧隔离开关的顺序依次进行，送电操作顺序相反。拉合断路器两侧隔离开关，须首先断开该断路器，在检查该断路器在"分"位后立即执行。

母线为二分之三接线方式，设备停电时应先断开中间断路器，后断开母线侧断路器。送电时顺序相反。

母线为二分之三接线方式，停电拉隔离开关操作顺序如下：

（1）母线侧断路器：根据潮流分布和运行方式先拉负荷隔离开关。

（2）中间断路器：先拉开不重要负荷侧隔离开关。

（3）线路停电先拉开线路侧隔离开关，再拉开母线断路器线路侧隔离开关，后拉开中间断路器线路侧隔离开关，送电时顺序相反。

（二）变压器停送电

（1）变压器停电操作，一般按低、中、高压侧的顺序进行，若高压侧无电源时，应将有电源的一侧放在最后操作，送电时顺序相反。允许对变压器各侧断路器集中操作，但不得集中检查断路器在"分"位。

（2）中性点未接地的空载变压器，操作高压侧断路器前必须合上中性点接地闸刀。

（三）母线停送电

（1）母线全停操作，允许对母线连接所有断路器集中操作，但不得集中检查断路器在"分"位。

（2）双母线接线其中一条母线停电，倒母线操作按照先倒线路间隔、后倒主变压器间隔顺序编制操作票，送电时顺序相反；倒母线操作时，隔开开关操作应采用"先合后拉"的方式。

（四）线路停送电

线路顺控操作票操作顺序严格按照调度指令操作任务进行操作填写。

三、"一键顺控"操作过程管理

"一键顺控"操作过程应严格按照《安规》、倒闸操作管理规范相关管理规定开展，并严格执行监护复诵制度，主要流程详见附录 C。"一键顺控"操作过程中，监控员及运维人员应密切监视操作过程，不应同时进行其他工作。监控员/运维人员可通过顺控执行、顺控暂停、顺控继续、顺控终止等流程操作命令进行人工干预。

（一）"一键顺控"条件确认

核实设备具备顺控操作条件，如不具备操作条件应立即汇报调度；对设计多个 AIS 间隔隔离开关的顺控操作，须提前检查变电站辅助综合监控系统的"一键顺控"智能研判功能是否正常。

（二）"一键顺控"操作准备

1. 接收调度预令，填写"一键顺控"操作票

"一键顺控"操作人员应根据已接收调度预令操作指令正确核对操作对象、设备初始状态、设备目标状态，填写"一键顺控"倒闸操作票。

2. 审核"一键顺控"操作票正确

当值人员应逐级对"一键顺控"操作票进行全面审核，审核操作票是否达到操作目

的，是否满足运行要求，确认无误后分别签名。审核时发现有误即作废该操作票，令拟票人重新填写"一键顺控"操作票。"一键顺控"操作票示例见附录 D。

3. 明确操作目的，做好危险点分析和预控

（1）值长向操作人员明确操作的目的和预定操作时间。

（2）由值长组织，查阅危险点预控资料，同时根据操作任务、操作内容、设备运行方式要求、"一键顺控"操作执行中异常处置原则等，共同分析本次操作过程中可能遇到的危险点，提出针对性预控措施。

（三）"一键顺控"操作执行

1. 接受正式调度顺控指令

（1）正式调度顺控指令应由正值及以上岗位当班运维值班人员接令，宜由最高岗位值班人员接令；接受调度指令时，应做好录音；核对正令与原发预令和运行方式是否一致，如有疑问，应向发令人询问清楚。

（2）监护人逐项唱票，操作人逐项复诵，检查所列项目的操作是否达到操作目的，核对操作票正确。

2. 操作执行

"一键顺控"操作执行分为操作任务生成、顺控模拟预演、顺控操作执行、顺控操作确认 4 个操作步骤。

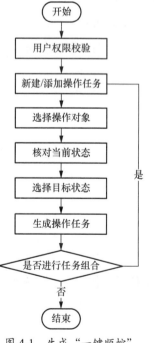

图 4-1　生成"一键顺控"
任务流程

（1）通过智能成票系统生成"一键顺控"任务，主要流程如图 4-1 所示。

1）用户权限校验：变电站就地操作采用操作人、监护人同时"口令+指纹"进行权限校验，权限校验不通过应禁止操作。

2）新建/添加操作任务：新建一个操作任务，或添加一个操作任务与已生成的操作任务进行任务组合。新建任务结束后"新建任务"按钮上的描述应变为"添加任务"。在一个生成任务流程结束前，应禁止再次新建/添加任务。

3）选择操作对象：选择需要操作的间隔或保护装置。

4）核对当前状态：判断选择的操作对象的当前设备态是否和生成任务要求的当前设备态一致，若不一致应禁止生成任务。

5）选择目标状态：核对当前状态完成后，才允许选择操作对象的目标设备态。

6）生成操作任务：根据选择的操作对象、当前设备态、

目标设备态,在操作票库内自动匹配唯一的操作票,若匹配成功则回复肯定确认,否则回复否定确认。生成操作任务时,变电站监控主机应自动核对任务指令中的当前设备态与操作对象实际状态的一致性,若不一致应报错退出。生成操作任务时应更新操作条件列表,操作条件列表应包含所有操作项目操作前需要具备的设备控制电源正常、绝缘介质压力正常、操作把手在远方位置等必要条件,操作条件应能根据设备名称自动分类整理。生成操作任务时应更新目标状态列表,目标状态列表应包含所有操作项目操作后的操作对象位置接点状态、压板状态、当前定值区号等主要判据和电流/电压变化、带电显示装置信号、压力传感器状态等辅助判据,目标状态应能根据操作项目顺序自动分类整理;生成操作任务后,变电站监控主机应将操作任务的目标设备态模拟置为满足;进行任务组合时,应在上一操作任务生成后的模拟断面上判断下一操作任务的当前设备态是否满足,若不满足应禁止任务组合。

(2)顺控模拟预演应以生成任务成功为前提。模拟预演全过程应包括检查操作条件、预演前当前设备态核实、监控系统内置防误闭锁校验、智能防误主机防误校核、单步模拟操作,全部环节成功后才可确认模拟预演完毕,模拟预演流程如图4-2所示。

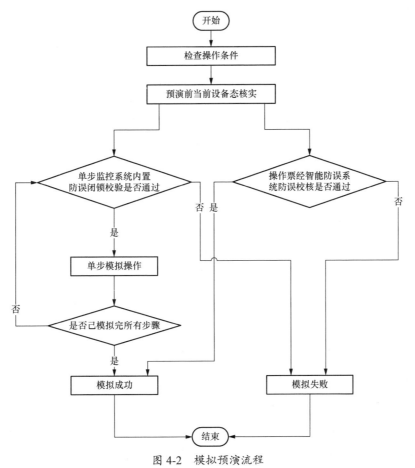

图4-2 模拟预演流程

1）检查操作条件：模拟预演前应检查操作条件列表是否全部满足，若有不满足项应禁止模拟预演并提示错误。

2）预演前当前设备态核实：模拟预演前应检查指令中的当前设备态与操作对象的实际状态是否一致，若不一致应禁止模拟预演并提示错误。

3）监控系统内置防误闭锁校验：模拟预演时，所有步骤应经监控主机内置防误逻辑闭锁校验，若校验不通过应终止模拟预演并提示错误。

4）智能防误主机防误校核：模拟预演时，所有步骤应经独立智能防误主机防误逻辑校核，若校核不通过应终止模拟预演并提示错误。

5）单步模拟操作：模拟预演过程中每一个操作项目的预演结果应逐项显示，任何一步模拟操作失败，应终止模拟预演并说明失败原因。预演成功后，应使能"执行"按钮，并禁用"预演"按钮。

操作人员点击顺控操作开始按钮，由程序按照顺控操作顺序逐项操作。监控员/运维人员对需要进行人工介入的操作项进行交互响应。

（3）顺控操作指令执行全过程包括启动指令执行、检查操作条件、执行前当前设备态核实、顺控闭锁信号判断、全站事故总判断、单步执行前条件判断、单步监控系统内置防误闭锁校验、单步智能防误主机防误校核、下发单步操作指令、单步确认条件判断，全部环节成功后才可确认指令执行完毕，指令执行流程如图4-3所示。

1）启动指令执行：指令执行应以模拟预演成功为前提。

2）执行前当前设备态核实：指令执行前应检查指令中的当前设备态与操作对象的实际状态是否一致，若不一致应禁止指令执行并提示错误。

3）检查操作条件：单步执行前应判断操作条件是否满足，若不满足，应终止指令执行并提示错误，将不满足项明显标识。

4）顺控闭锁信号判断：单步执行前应判断是否有闭锁信号，若有闭锁信号发生，应终止指令执行并提示错误，点亮"异常告警"指示灯。

5）全站事故总判断：单步执行前应判断是否有全站事故总信号，若有全站事故总信号发生，应终止指令执行并提示错误，点亮"故障跳闸"指示灯。

6）单步执行前条件判断：单步执行前应判断本步操作的执行前条件是否满足，若不满足应终止操作，并弹出提示错误，点亮"异常告警"指示灯。

7）单步监控系统内置防误闭锁校验：单步执行前本步操作应经监控主机内置防误逻辑闭锁校验，若校验不通过应终止操作，并弹出提示错误，点亮"防误闭锁"指示灯。

8）单步智能防误主机防误校核：单步执行前本步操作应经独立智能防误主机防误逻

辑校核，若校核不通过应终止操作，并提示错误，点亮"防误闭锁"指示灯。

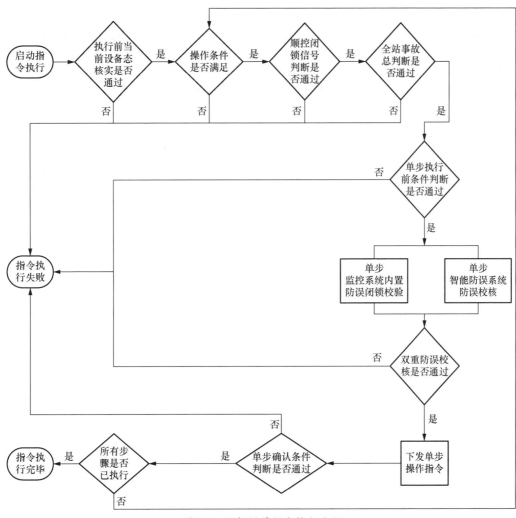

图 4-3 顺控操作指令执行流程

9）下发单步操作指令：向装置下发操作指令，开始执行本步操作指令；指令执行过程结果应逐项显示，执行每一步操作项目之后应更新操作条件、目标状态；应具备人工干预功能，在指令执行过程中应能够暂停执行操作，任务暂停后应能够继续执行操作，在任务执行过程中应能够终止执行操作；"一键顺控"任务暂停时限应可系统设置，超时后"一键顺控"操作应自动终止。

10）单步确认条件判断：单步执行结束后应判断本步操作的确认条件是否满足，若不满足应自动暂停执行操作，并弹出提示错误；以先来先执行为基本原则，指令正在执行时，后续到达的指令应被闭锁，并回复不执行。

顺控操作确认是在顺控操作完成后，监控员/运维人员检查执行情况，并通过顺控程序自动回填的电压及电流遥测值对操作到位情况进行辅助检查。

（四）汇报与归档

检查操作无误后，操作人员在操作票上填写操作完成时间，并向调度控制中心回令，汇报操作任务完成情况。

"一键顺控"操作资料归档应按照倒闸操作管理规范要求执行，相应操作票统一编号、统一装订、统一管理，操作过程录音（或录像）归档管理，至少保存 6 个月。

顺控操作过程中，监控员及运维人员应密切监视操作过程，不应同时进行其他工作。监控员/运维人员可通过顺控执行、顺控暂停、顺控继续、顺控终止等流程操作命令进行人工干预。

四、"一键顺控"操作应急处置

（一）"一键顺控"操作过程中应急处置各单位职责分工

"一键顺控"操作过程中应急处置各单位职责分工如下。

1. 调控中心职责

（1）负责进行"一键顺控"操作应急处置；

（2）负责组织处置调控主站端异常情况；

（3）负责反馈应急处置过程中存在的问题（防误闭锁库、逻辑判断等），优化系统功能；

（4）负责组织开展"一键顺控"操作应急处置培训及应急演练等工作。

2. 安监部职责

（1）负责对"一键顺控"操作应急处置过程进行监督；

（2）负责将"一键顺控"操作应急处置过程中风险点纳入隐患体系进行治理。

3. 设备运维单位职责

（1）负责现场"一键顺控"操作应急处置；

（2）负责反馈"一键顺控"操作应急处置过程中延伸工作站存在的问题，配合优化系统功能；

（3）负责组织修订、细化延伸工作站"一键顺控"操作应急处置原则，并开展培训及演练等工作；

（4）负责"一键顺控"操作中的通信、网络信息等专业的应急处置；

（5）负责开展相关专业人员"一键顺控"操作应急处置演练工作。

4. 信通公司职责

（1）负责"一键顺控"操作中的通信、网络信息等专业的应急处置；

（2）负责开展相关专业人员"一键顺控"操作应急处置演练工作。

顺控操作过程中如电网发生事故或重大设备异常需紧急处理，应立即暂停顺控操作，由调度员组织进行事故或异常处理；如需中断顺控操作配合处置时，监控员/运维人员立即终止顺控操作。

顺控操作过程中出现顺控应用功能异常无法继续顺控操作时，监控员/运维人员汇报调度后，根据调度指令转为现场操作。

顺控模拟预演阶段出现闭锁告警信号，监控员/运维人员应立即通过调控系统及辅助综合监控系统检查。确认无异常或经现场检查异常已消除后，可在核对调度指令及一次运行方式和二次设备状态后重新执行模拟预演流程。

顺控执行阶段出现闭锁告警信号，监控员/运维人员应根据告警性质进行检查处理：①若告警由"提示"信号引起，顺控程序暂停并等待确认，确认无异常后继续顺控操作；②若告警由"终止"信号引起，顺控程序终止。变电站运维人员检查现场设备情况，并汇报调度。

（二）"一键顺控"操作常见的应急处置原则

"一键顺控"操作常见的几种应急处置原则如下。

1. 防误逻辑不满足

（1）影响范围：中断"一键顺控"操作。

（2）处置原则。

1）操作人员暂停"一键顺控"操作，不得以任何方式屏蔽防误闭锁功能继续操作；

2）自动化专业人员及现场人员进行检查，短时无法处理终止"一键顺控"操作；

3）后续"一键顺控"操作内容改由现场操作。

2. 操作命令出错

（1）影响范围：中断"一键顺控"操作。

（2）处置原则：

1）操作人员暂停"一键顺控"操作；

2）自动化专业人员进行检查，短时无法处理终止"一键顺控"操作；

3）后续"一键顺控"操作内容改由现场操作。

3. 发生电网或设备故障

（1）影响范围：

1）可能造成"一键顺控"操作逻辑错误，中断"一键顺控"操作；

2）继续操作可能扩大停电范围。

（2）处置原则：

1）操作人员暂停"一键顺控"操作，征得调度员同意后方可继续操作；

2）操作人员应优先配合调度员进行电网事故处置；

3）继续"一键顺控"操作前，操作人员应重新核对是否具备"一键顺控"操作条件。

4. 发生与操作设备相关的异常

（1）影响范围：若继续"一键顺控"操作，可能加重设备异常缺陷程度，损坏设备。

（2）处置原则：

1）操作人员暂停"一键顺控"操作，待设备异常处理完毕，具备操作条件后方可继续执行；

2）若异常情况短时无法处理，终止"一键顺控"操作，按照设备缺陷处置流程进行设备消缺。

5. 发生顺控操作告警信号

（1）影响范围：中断"一键顺控"操作。

（2）处置原则：

1）发生调控定义的"一键顺控"操作终止类信号时，终止"一键顺控"操作，按照缺陷处置流程进行消缺；

2）发生调控定义的"一键顺控"操作提示类信号时，操作人员暂停"一键顺控"操作，待信号处理完毕，具备操作条件。

6. 单步操作超时

（1）影响范围：中断"一键顺控"操作。

（2）处置原则：

1）操作人员暂停"一键顺控"操作；

2）自动化人员、信通人员检查调控主站及通道是否正常，运行人员检查现场设备是否正常，操作是否到位；

3）若告警信号无法短时处理，终止"一键顺控"操作，按照缺陷处置流程进行消缺。

第四节　日　常　管　理

一、"一键顺控"操作防误管理

"一键顺控"防误功能应支持拓扑防误、操作顺序校核和提示性防误等相关校验，实现顺控操作防误。

1. 术语和定义

电气岛：电网中连通的电气设备所组成的集合。

接地岛：电气岛中如果有接地闸刀处于合位或者电气岛中的某设备设置了接地标示牌，则该电气岛定义为接地岛。

活岛：同时存在电源和负荷的电气岛。

死岛：停电岛，即非活岛。

逻辑母线：逻辑母线指通过一个或多个闭合断路器和隔离开关相连的若干节点。

连通支路：电气设备的一端节点和另一端节点有路径连通，这条路径称为连通支路。

2. 顺控防误基本规则

拓扑防误是根据电气间隔状态和电气设备间的拓扑关系实现设备操作的防误闭锁。提取根据防误要求的设备之间操作闭锁的基本规则，通过拓扑搜索找出相互操作闭锁的设备，实现设备间的操作闭锁，不依赖于人工定义，自动适应电气设备和电网拓扑结构的变化。

断路器的拓扑防误规则主要是防止误分合。

（1）断路器分闸操作：

1）断路器分闸后，如果断路器任一端节点的电气岛由活岛变为死岛，则提示断开断路器可能导致下游母线失电。

2）断路器分闸后，如果断路器两端节点的电气岛号依然相同，则提示断开断路器可能导致系统解环。

3）断开变压器高（中）压侧断路器，如果低压侧断路器在合闸位置，则提示；如果高（中）压侧中性点接地闸刀在分位，则提示。

4）断开 3/2 接线断路器，先断中间断路器、后断边开断路器，如果不满足串内断路器停电顺序，则提示。

（2）断路器合闸操作：

1）断路器任一侧隔离开关在合时，如果断路器任一端为接地岛，则禁止操作。

2）断路器两侧隔离开关均在分位，不论相关接地闸刀是否在合，均可合闸。

3）断路器合闸前，若断路器两端节点电气岛号相同，则在断路器合闸前提示系统合环。

4）断路器合闸后，若断路器的任一端由死岛变为活岛，则在开关合闸前提示将给下游母线充电。

5）合变压器高（中）压侧断路器时，若高（中）压侧中性点接地闸刀在分位，则提示；合变压器中（低）压侧断路器时，若高（中）压侧断路器在分位，则提示。

隔离开关的拓扑防误规则主要是防止带负荷拉、合隔离开关；防止带电合接地闸刀；防止带接地线、接地闸刀合隔离开关。

如果隔离开关任一端节点属于接地岛，则不允许操作合隔离开关，以免带接地合隔离开关。此时认定隔离开关在拓扑上所连的断路器均为非明显断开点，即使断路器断开也作为合闸状态进行网络拓扑，且网络拓扑需越过线路或越过变压器进行判断。

隔离开关的倒母线操作：若母联间隔处非运行状态，则提示先将母联间隔转为运行状态。保证母联间隔必须在运行状态才可倒母线。

母线联络隔离开关的操作：若隔离开关任一侧母线所连的任一开关在合位，则禁止操作。

隔离开关和断路器之间的防误规则：若隔离开关所在间隔的断路器在合位，则禁止隔离开关分合操作。

3. 操作顺序校验

拉合隔离开关的操作，应在与该隔离开关串联的开关断开并检查在"分"位之后进行。隔离开关操作的顺序是："先合电源侧隔离开关，后合负荷侧隔离开关"；"先拉负荷侧隔离开关，后拉电源侧隔离开关"。一般应视母线为电源侧，只有当向母线充电时，才可做负荷侧。

二分之三接线方式下，隔离开关停电的操作顺序：

（1）母线侧断路器：先拉母线侧隔离开关。

（2）中间断路器：先拉不重要负荷侧隔离开关。

（3）线路停电先拉线路侧隔离开关，再拉母线断路器线路侧隔离开关，后断中间断路器线路侧隔离开关，送电时顺序相反。

进行变压器停电操作时，一般按低、中、高的顺序进行，只有当高压侧无电源的情况下，才应将有电源的一侧放在后面操作，送电时次序相反。允许对断路器集中操作，但检查断路器在"分"位的项目不允许集中进行。

中性点未接地的运行中的变压器，操作高压侧断路器前必须合上中性点接地闸刀。变压器高压侧悬空运行时也应合上中性点接地闸刀，以防高压侧接地故障击穿中性点。

双母线顺控操作时母联断路器必须在"合"位，才能进行相关顺控操作。

4. 提示性防误校验

（1）断路器提示性校核。

1）合、解环提示：在顺控操作的全过程，系统自动进行相应遥测、遥信校核，且在提示窗内提示。

2）失电母线提示：顺控操作将引起本站或下游变电站母线失电时，利用遥测、遥信进行校核，且在提示窗内提示。

3）充电母线提示：顺控操作将对本站或下游变电站母线充电时，利用遥测、遥信进行校核，且在提示窗内提示。

4）变压器各侧断路器操作提示：顺控操作将对变压器送电或停电时，系统自动进行潮流校核，且在提示窗内提示。

（2）隔离开关操作的提示性校核。

1）分合隔离开关提示：顺控操作隔离开关时，对遥测、遥信上传的隔离开关位置信号、电流、电压等信号进行核，且在提示窗内提示。

2）倒母线时分合隔离开关提示：顺控操作母线隔离开关时，对遥测、遥信上传的隔离开关位置节点信号进行校核，且在提示窗内提示。

3）母线侧、负荷侧隔离开关操作提示：顺控操作隔离开关时，对事先定义的电源侧、负荷侧隔离开关拉合顺序进行校核，且在提示窗内提示。

5．挂牌信息防误校验

当设置接地或检修标示牌时，顺控防误系统须同步增加一个虚拟接地闸刀。该接地闸刀的节点号等于设置接地或检修标示牌的设备所在间隔任一端的节点号，且修改该节点的电气间隔状态为检修间隔。该接地或检修标志牌删除时，系统将自动删掉虚拟接地闸刀，并重新修改各电气间隔的状态。

二、"一键顺控"操作权限管理

"一键顺控"顺控操作设备改造完成后，经验收合格后由运维单位提交变电站顺控接入申请，由调控机构批复后纳入顺控操作范围。

日常管理工作中，要严格控制调控自动化系统中的顺控操作权限，利用调度数字证书、用户和密码、指纹、人脸识别等鉴别技术的两种或两种以上组合方式对用户身份进行权限管理，不允许不具备权限的人员使用顺控操作系统。

日常操作过程中，操作设备应具备双人异机监护功能，监护通过后方可进行执行操作，监护信息应包括操作厂站、操作设备、设备源态和目标态等。

应指派专人负责顺控操作人员持证上岗管理工作，定期向调控机构上报取得顺控操作持证上岗资格的在岗运行人员信息，由调控机构审核、维护人员信息。

三、"一键顺控"操作教育培训管理

调控员和运维人员应按照岗位要求，熟悉电气接线、设备及相关规程制度，掌握顺控操作知识，并接受相应的专项技能培训，经考试合格取证后，获得顺控操作资格。

"一键顺控"培训工作应纳入班组年度培训计划，每季度开展一次培训。

四、"一键顺控"设备缺陷管理

"一键顺控"设备缺陷管理包括缺陷的发现、建档、上报、处理、验收等全过程的闭环管理。

1. 缺陷分类

"一键顺控"设备缺陷按其严重程度，分为危急缺陷、严重缺陷和一般缺陷。

（1）危急缺陷：指性质严重、情况危急，若不及时处理可能在短期内导致"一键顺控"设备无法正常运行，或发生了影响设备操作需立即处理的缺陷。

（2）严重缺陷：指性质比较严重、情况比较危急，短期内"一键顺控"设备无法正常运行，暂时尚不影响操作但需尽快处理的缺陷。

（3）一般缺陷：上述危急、严重缺陷以外，性质一般，情况轻微，且发展缓慢，在较长时间内不会对安全运行影响不大的缺陷。

"一键顺控"相关设备缺陷库见附录 E。

2. 缺陷发现

各类人员应依据有关标准、规程等要求，认真开展"一键顺控"设备巡视、操作、检修、试验等工作，及时发现设备缺陷。检修、试验人员发现的"一键顺控"设备缺陷应及时告知运维人员。

3. 缺陷建档及上报

发现"一键顺控"设备缺陷后，由运维人员参照"一键顺控"设备缺陷定性标准进行定性后在 PMS 系统中填报缺陷，经本单位审核后，启动缺陷处理流程。

在 PMS 系统中登记缺陷时，应严格按照"一键顺控"设备缺陷标准库和现场设备缺陷实际情况对缺陷主设备、设备部件、部件种类、缺陷部位、缺陷描述以及缺陷分类依据进行选择。对于缺陷标准库未包含的缺陷，应根据实际情况进行定性，并将缺陷内容记录清楚。对不能定性的缺陷应由上级单位组织讨论确定。对可能会改变一、二次设备运行方式或影响集中监控的危急、严重缺陷情况应向相应调控人员汇报。缺陷未消除前，运维人员应加强设备巡视。

4. 缺陷处理

（1）缺陷的处理时限：危急缺陷的消缺时间或采取限制其继续发展的临时措施的时间不超过 24 小时。严重缺陷的消缺时间不超过一个月。不涉及主设备停电一般消缺时间不超过三个月，涉及设备停电的消缺时间不超过一个主设备检修周期；"一键顺控"设备二次设备一般缺陷的消缺时间不宜超过一个月。

（2）缺陷存在期间应加强巡视，重大缺陷未消除前还应进行详细分析，做好事故预案。

（3）"一键顺控"设备缺陷填报后，应做好消缺准备工作，必要时开展现场勘查，对疑难缺陷应预先编制消缺方案，提前联系厂家技术支持和备品备件。根据消缺准备情况，编制月度或周工作计划，需一次设备停役方可处理的，应提前填写设备停役申请单。

5. 消缺验收

消缺工作应保证消缺质量，确保缺陷处理一次性完成。消缺工作完成后，监控、运维人员应进行验收，核对缺陷是否消除，确保"一键顺控"功能完善。

验收合格后，检修人员需将处理情况录入 PMS 系统后，运维人员再将验收意见录入 PMS 系统，完成闭环管理。

6. 操作票管理

采用"一键顺控"操作，均应使用经事先审核合格的操作票（纸质操作票或数字操作票）。"一键顺控"操作票应在票面内区分"一键顺控"操作步骤和人工操作步骤。

变电站"一键顺控"典型操作票与常规典型操作票应分别编制，参照常规典型操作票列入变电站现场运行专用规程附录文件。变电站"一键顺控"操作票的编写、审批应在设备投运前一周完成。

"一键顺控"典型操作票应包含"一键顺控"操作部分和人工操作部分。其中"一键顺控"操作部分应包括选择操作任务、顺控模拟预演、顺控操作执行、顺控操作确认等步骤，应列明"一键顺控"操作项目及具体操作步骤。"一键顺控"典型操作票的格式参照附录 D。

"一键顺控"预置票应与"一键顺控"典型操作票保持一致，在设备投运前完成"一键顺控"预置票的录入及调试验证。"一键顺控"系统预置票库应由专人管理，预置票的新增、修改应在专业人员监护下开展。具备停电验证条件的，"一键顺控"预置票应通过实际出口验证。

第五节 检 修 管 理

"一键顺控"设备检修管理坚持"安全第一，分级负责，精益管理，标准作业，修必修好"的原则。检修工作应始终把安全放在首位，严格遵守国家及公司各项安全法律和规定，严格执行《国家电网公司电力安全工作规程》，认真开展危险点分析和预控，严防人身、电网和设备事故。

（一）计划管理

（1）"一键顺控"检修应纳入计划管理，相关设备的检修周期应同主设备的检修周期保持一致，结合变电设备停电例检工作对其进行维护检修，大修技改也应同步开展相应设备的升级改造工作。

（2）"一键顺控"相关工作应体现在检修工作任务中，生产计划平衡及检修工作方案评审中应将"一键顺控"相关工作内容作为重点评审项目。

（二）检修周期

（1）基准周期可按照电压等级结合主设备停役同时开展，例：35kV及以下4年、110（66）kV及以上3年。

（2）可依据设备状态、地域环境、电网结构等特点，在基准周期的基础上酌情延长或缩短检修周期，调整后的检修周期一般不小于1年，也不大于基准周期的2倍。

（3）110（66）kV及以上新设备投运满1～2年，以及停运6个月以上重新投运前的设备，应进行检修。

（4）现场备用设备应视同运行设备进行检修；备用设备投运前应进行检修。

（三）检修内容及要求

（1）涉及"一键顺控"的智能防误、操作票验证等工作由运维专业负责；涉及"一键顺控"顺控模块、"双确认"装置、数据通信网关机、测控装置、监控主机、规约转换装置等工作由检修专业负责。

（2）例行检修内容包括"双确认"装置、测控装置、视频联动系统、二次回路等相关设备检修。

（3）消缺、大修技改内容包括集控系统顺控模块、"双确认"装置、数据通信网关机、测控装置、监控主机、智能防误主机、视频联动系统、规约转换装置等相关设备缺陷处理、更换、升级。

（4）变电站监控主机系统升级或智能变电站配置文件变更时，应及时评估对"一键顺控"操作的影响，并在相应的检修记录中给出结论，必要时做相关验证。

（四）检修准备

（1）检修计划一经批准，检修单位应在检修前做好检修计划的落实，落实人员和物资，根据工作量大小可适当编写检修方案。

（2）为全面掌握设备状态、现场环境和作业需求，检修工作开展前根据实际现场及工作内容组织开展检修前勘察，并填写勘察记录。勘察记录应作为检修方案编制的重要依据，为检修人员、机具、物资和施工车辆的准备提供指导。

（五）检修关键工艺质量控制要求

1. 微动开关检修

（1）外观检查。微动开关不应有引出端的断裂、松动、转动、积水等影响微动开关电气、力学性能的故障。

（2）性能检查。微动开关的绝缘性，不应出现短路、触点抖动。

（3）导通测试。检查微动开关的辅助接点随隔离开关分合可靠断开或接通，切换正常。微动开关的接点动作时间应满足"一键顺控"主机顺序操作时间要求，且与辅助开关位置信号之间时间差（"双确认"时间差）应小于3s。

2. 磁感应传感器检修

（1）外观检查。磁感应传感器外观完好，不应有变形、破损、受潮的现象。

（2）功能检查。检查磁感应接收装置数据存储和事件记录的功能正常，可以保存分合闸配置数据、隔离开关实时位置信息等，检验装置断电后恢复供电时能保持断电前的数据，断电时装置不误发信号。

（3）导通测试。检查磁感应传感系统位置信号随隔离开关分合可靠断开或接通，"双确认"时间应满足"一键顺控"主机顺序操作时间要求，且与辅助开关位置信号之间时间差（"双确认"时间差）应小于3s。

3. 视频图像识别装置检修

（1）外观检查。检查视频联动摄像头有无遮挡，摄像头处有无积污。

（2）性能检查。检查隔离开关分合闸状态结果能实时展示在系统视频画面上，包括导电臂夹角数据、分合闸判别结论等。

（3）预置位及视频画面检查。应检查摄像头预置位正确，"全景＋三相"视频画面清晰。

（4）联动功能试验。对一次设备进行操作时，视频联动系统应锁定相关视频联动摄像头。相应一次设备变位后，视频联动系统应在3s内弹出视频窗口，在5s内清晰展示"全景＋三相"视频画面，结果应正确，能自动回传。

（六）检修实施

（1）"一键顺控"检修应提前准备与相应检修级别一致的作业文本，视检修规模大小使用现场勘察记录、检修方案、工作票、标准作业卡。

（2）现场检修应做好必要的安全措施和风险预控措施，加强对外来作业人员的管控，不得随意修改或变更"一键顺控"程序，不得造成人身、电网、设备安全事件。

（七）检修验收

（1）"一键顺控"检修工作关键环节完成后，检修人员应配合运维人员开展阶段性验收，重点对"双确认"装置、测控装置、视频联动系统、二次回路等相关设备进行验收，对验收不合格的工序或项目，运维人员应责令整改，直至验收合格。

（2）"一键顺控"检修工作全部完成后，运维及监控人员应对检修间隔开展"一键顺控"操作模拟试验，确保"一键顺控"功能完善。

（3）验收资料至少应保留一个检修周期。

具体验收标准如下：

（1）微动开关验收（见表4-1）。

表4-1　　　　　　　　　　　　　　微动开关验收标准

序号	验收标准	验收方法	技术要求
1	分合闸位置识别及状态输出	对隔离开关进行5次分合闸操作测试，记录输出状态	状态识别及状态输出需准确一致
2	检测准确性	手动对隔离开关进行5次分合闸操作测试，分别记录行程开关/辅助开关输出信号与微动开关输出信号的行程	准确性=（微动开关分合闸信号动作行程/行程开关或辅助接点分合闸信号动作行程）×100%，计算结果满足5%～105%
3	"双确认"时间	对隔离开关进行5次分合闸操作测试，分别记录辅助开关输出信号与微动开关输出信号的时间	两者信号输出时间差小于3s

（2）磁感应传感器验收（见表4-2）。

表4-2　　　　　　　　　　　　　　磁感应传感器验收标准

序号	验收标准	验收方法	技术要求
1	分合闸位置识别及状态输出	对隔离开关进行5次分合闸操作测试，记录输出状态	状态识别及状态输出需准确一致
2	检测准确性	手动对隔离开关进行5次分合闸操作测试，分别记录行程开关/辅助开关输出信号与磁感应传感系统输出信号的行程	准确性=（磁感应接收装置分合闸信号动作行程/行程开关或辅助接点分合闸信号动作行程）×100%，计算结果满足95%～105%
3	"双确认"时间	对隔离开关进行5次分合闸操作测试，分别记录辅助开关输出信号与微磁感应传感系统输出信号的时间	两者信号输出时间差小于3s

（3）视频系统验收（见表 4-3）。

表 4-3　　　　　　　　　　　视频图像识别功能验收标准

序号	验收标准	验收方法	技术要求
1	合闸位置判断	（1）将隔离开关合闸到位，检查图像识别判断隔离开关状态是否准确。 （2）在范围内连续调整摄像机角度 3 次，检查系统判断隔离开关状态的准确性	能够正确判断隔离开关合闸状态
2	分闸位置判断	（1）将隔离开关分闸到位，检查图像识别判断隔离开关状态是否准确。 （2）在范围内连续调整摄像机角度 3 次，检查系统判断隔离开关状态的准确性	能够正确判断隔离开关分闸状态
3	检测准确性	对隔离开关分合闸操作不少于 5 次，检查系统判断隔离开关状态的准确性	有一次判断错误即认为不合格

第六节　异　常　处　置

"一键顺控"异常包括现场"双确认"设备异常和后台智能设备或软件异常。常见的有现场"双确认"设备监测装置异常、装置异常、智能防误主机异常或故障和监控后台软件或者硬件故障等。

（一）硬件设备异常

（1）现场"双确认"设备监测装置异常。确认为现场"双确认"设备监测装置异常，应通知检修处理。

（2）测控装置或者智能主机异常。现场运维人员征得调度或者监控同意后将装置重启装置一次，并将结果汇报调度或者监控。重启后如异常消失则按运行规程继续操作；如异常没有消失则转为程序操作或者单步操作状态，并通知检修处理。

（二）其他异常处置

（1）生成操作任务中断处理原则。生成操作任务中断，应根据监控主机提示内容，检查操作票、相关设备状态，排除异常后，方可继续"一键顺控"操作。

（2）智能防误校核中断处置原则。

1）智能防误校核超时，应首先检查智能防误主机与监控主机通信状态，若排除故障，则继续进行"一键顺控"操作，若故障原因未查明，则转入常规操作。

2）智能防误校核失败，应根据失败原因提示，检查"一键顺控"操作票、防误逻辑、相关设备状态，排除异常后，继续进行"一键顺控"操作。

3）智能防误系统发生异常，可转入常规操作，或在消除缺陷后，再进行"一键顺控"操作。

（3）"一键顺控"操作中断处置原则。

1）"一键顺控"操作过程中发生中断，应立即停止"一键顺控"操作，原因未查明前，不得继续"一键顺控"操作，主设备无异常情况下可转常规操作。

2）因监控主机故障导致操作中断，在排除故障后，可继续进行"一键顺控"操作，若故障暂时无法消除，则转入常规操作，并将已执行步骤列入常规操作票作为检查项。

3）因"双确认"装置异常导致操作中断，应现场核实设备状态，确已到位后继续执行"一键顺控"操作，并填报缺陷记录。

第五章

工程案例

第一节 新建工程实施案例

一、案例概述

以××供电公司 220kV××户外常规变电站为例进行介绍。

220kV 配电装置出线共六回,分别是××2U00 线、××23T6 线间隔、××23P1 线、××23P0 线、××4R23 线、××4R24 线。本次"一键顺控"改造主要涉及顺控主机,智能防误及隔离开关"双确认"。其中隔离开关"双确认"改造共涉及 220kV 区域 6 条出线及 3 台主变压器 220kV 侧,共计 27 把隔离开关,均采用三相安装方式,见图 5-1、图 5-2 和表 5-1。

表 5-1　　　　　　　220kV××户外常规变电站隔离开关"双确认"改造信息表

序号	隔离开关名称	隔离开关厂家	隔离开关型号	安装方式	传感器数量
1	××2U00 正母闸刀	西门子	DR21-MH25	三相安装	3
2	××2U00 副母闸刀	AREVA		三相安装	3
3	××2U00 线路闸刀	西门子	DR22-MH25	三相安装	3
4	××23T6 正母闸刀	西门子	DR21-MH25	三相安装	3
5	××23T6 副母闸刀	AREVA		三相安装	3
6	××23T6 线路闸刀	西门子	DR22-MH25	三相安装	3
7	#3 主变 220kV 正母闸刀	江苏如高	GW7B-252D（G）	三相安装	3
8	#3 主变 220kV 副母闸刀	西门子	PR21-MH31	三相安装	3
9	#3 主变 220kV 主变闸刀	江苏如高	GW7B-252DD（G）	三相安装	3
10	××4R24 正母闸刀	江苏如高	GW7B-252D（GW）	三相安装	3
11	××4R24 副母闸刀	江苏如高	GW22B-252（GW）	三相安装	3
12	××4R24 线路闸刀	西门子	DR22-MH31	三相安装	3
13	××4R23 正母闸刀	江苏如高	GW7B-252D（GW）	三相安装	3
14	××4R23 副母闸刀	江苏如高	GW22B-252（GW）	三相安装	3
15	××4R23 线路闸刀	西门子	DR22-MH31	三相安装	3
16	××23P1 正母闸刀	西门子	DR22-MH25	三相安装	3
17	××23P1 副母闸刀	河南平高	GW16B-252W	三相安装	3
18	××23P1 线路闸刀	河南平高	GW27-252DW	三相安装	3
19	#2 主变 220kV 正母闸刀	西门子	DR21-MH25	三相安装	3
20	#2 主变 220kV 副母闸刀	AREVA		三相安装	3
21	#2 主变 220kV 主变闸刀	西门子	DR22-MH25	三相安装	3
22	××23P0 正母闸刀	河南平高	GW27-252DW	三相安装	3
23	××23P0 副母闸刀	河南平高	GW16B-252W	三相安装	3
24	××23P0 线路闸刀	河南平高	GW27-252DW	三相安装	3
25	#1 主变 220kV 正母闸刀	西门子	DR21-MH25	三相安装	3
26	#1 主变 220kV 副母闸刀	AREVA		三相安装	3
27	#1 主变 220kV 主变闸刀	西门子	DR22-MH25	三相安装	3
合计			81		

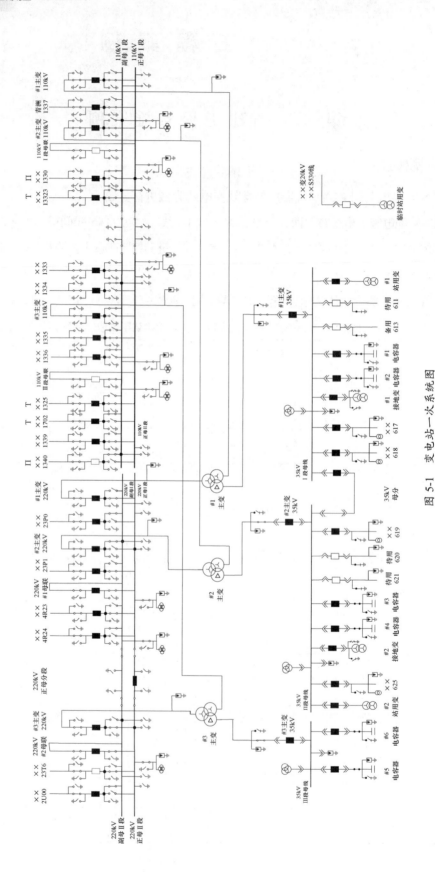

图 5-1 变电站一次系统图

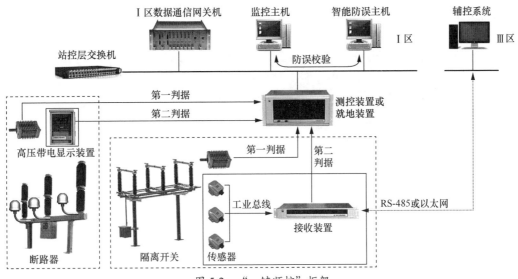

图 5-2　"一键顺控"框架

二、"一键顺控"现场技术方案

方案"双确认"采集方式采用磁感应方案。隔离开关磁感应状态检测系统由隔离开关状态接收装置主机 UT-0359A 和状态采集的传感器 UT-0359B 组成。主机与传感器之间采用 LIN 或 RS-485 通信。接收装置可分为单隔离开关或三隔离开关状态接收两种。

接收装置对下通过工业总线（LIN 或 RS-485）与传感器通信并提供电源，对上向测控装置或就地装置提供开出状态，见图 5-3。

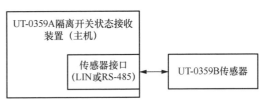

图 5-3　装置连接示意图

1. 磁感应装置介绍及工作原理

磁感应传感器包含永磁铁与磁感应器件。其中永磁铁通过安装附件固定在隔离开关机构运动部件上（如 AIS 绝缘子传动杆，GIS 拐臂、鱼眼等）；磁感应器件通过安装附件固定在隔离开关本体静止部件上，至少包含两个磁感应器件，分别进行分位、合位到位检测。磁感应器件安装附件根据隔离开关设备的结构可进行定制化设计，以满足不同的隔离开关状态检测。磁感应原理如图 5-4 所示。

2. 接收装置介绍及工作原理

当一把隔离开关有 A、B、C 三相并且各相都需做位置检测时，典型的隔离开关"双确认"接线原理图如图 5-5 所示。图中一把隔离开关三相的信号上传至接收装置并经汇总处理后反馈隔离开关当前的位置信息，只要其中一相位置信号不到位，即判定隔离开关位置不正确。

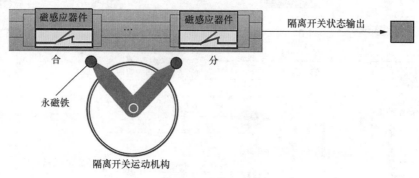

图 5-4 磁感应原理

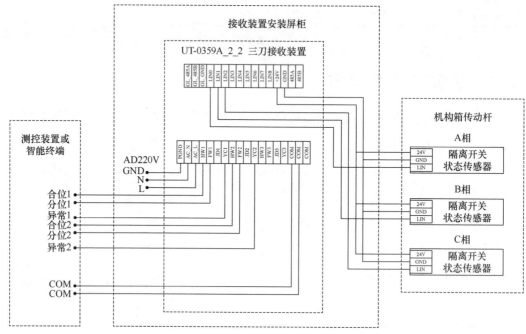

图 5-5 三相独立检测隔离开关"双确认"接线原理

通过新增改造实现一种新的隔离开关设备分合闸位置监测方式，与传统辅助开关接点实现隔离开关设备分合闸位置判断的方式形成非同源的分合闸位置指示，构成隔离开关分合闸位置的"双确认"判据，为实现变电站隔离开关状态转换的"一键顺控"操作提供安全保障。

3. 前端设备位置及电气联络

本次隔离开关"双确认"改造涉及的前端设备包括磁感应传感器、隔离开关位置接收装置，以及连接电缆等附件。其中隔离开关位置接收装置负责汇总间隔内的隔离开关位置信息。

根据变电站现场实际情况，按照传感器至接收装置的电缆长度不超过 80m 的原则，本次共设置 3 面隔离开关状态采集箱，其中 220kV 共 3 面（编号为#1～#3）。

采集箱供电本次施工暂不做。

4. 具体安装方案和点位

220kV××变电站"双确认"改造，按照隔离开关操动机构结构不同，需分别采用不同的隔离开关"双确认"传感器安装方案，见表 5-2。

表 5-2　　　　220kV××变电站隔离开关"双确认"磁感应接收装置配置表

序号	间隔名称	电压等级（kV）	隔离开关数量	传感器数量	接收装置类型	接收装置数量	接收装置安装位置
1	××2U00 间隔	220	3	9	三刀接收装置	1	#1 接收装置柜
2	××23T6 间隔	220	3	9	三刀接收装置	1	
3	#3 主变 220kV 间隔	220	3	9	三刀接收装置	1	
4	××4R24 间隔	220	3	9	三刀接收装置	1	#2 接收装置柜
5	××4R23 间隔	220	3	9	三刀接收装置	1	
6	××23P1 间隔	110	3	9	三刀接收装置	1	#3 接收装置柜
7	#2 主变 220kV 间隔	110	3	9	三刀接收装置	1	
8	××23P0 间隔	110	3	9	三刀接收装置	1	
9	#1 主变 220kV 间隔	110	3	9	三刀接收装置	1	
合计			27	81		9	3

5. 隔离开关"双确认"施工

（1）隔离开关接收装置安装位置及效果。隔离开关接收装置单独立柜，接收装置及端子排随端子箱成套出厂。隔离开关状态采集箱示意如图 5-6 所示。

图 5-6　隔离开关状态采集箱示意

（2）隔离开关接收装置至传感器之间电缆铺设施工。隔离开关"双确认"传感器至隔离开关接收装置连线采用阻燃铠装屏蔽电缆走线，立柱下需破土走管布线，并通过现场已有的电缆沟已有走线方向布线。隔离开关状态传感器与接收装置连接采用 $2×2×0.5m^2$ 阻燃铠装屏蔽电缆。线路闸刀电缆走线图如图 5-7 所示。

图 5-7　线路闸刀电缆走线图

图中线条代表电缆走线图。隔离开关状态采集箱位置如图 5-8 所示。

图 5-8　隔离开关状态采集箱位置

（3）隔离开关"双确认"传感器安装施工。根据"一键顺控"技术导则要求，传感器应安装在三相传动机构末端，根据现场隔离开关的实际情况进行安装固定。

6. 接入接收装置

隔离开关位置接收装置安装位置为隔离开关状态采集箱。每只传感器采用一根 4 芯通信电缆，传感器的通信电缆经金属软管进入电缆槽，最终接到接收装置。典型的单机构箱隔离开关"双确认"接线原理如图 5-9 所示。

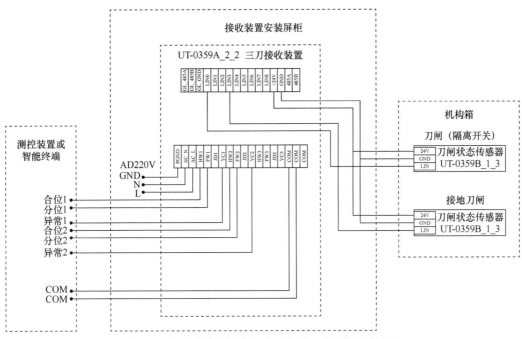

图 5-9　典型的单机构箱隔离开关"双确认"接线原理

注：隔离开关状态传感器与接收装置连接采用 2×2×0.3m² 阻燃屏蔽电缆；考虑采集信号的稳定性，电缆长度控制在 40m 以内。

三、施工计划

220kV 部分 9 个间隔施工计划见表 5-3。

表 5-3　　　　　　　　　　　　　220kV 部分 9 个间隔施工计划

序号	日期	是否停电	工期（天）	间隔及设备	工作内容	施工单位	备注
1	10月14日～11月5日	否	22	××4R23、××4R24、××23P0 线、××23P1、××2U00 线、××23T6 线、#1 主变 220kV、#2 主变 220kV、#3 主变 220kV	220kV "一键顺控" 前端电缆敷设、刀闸状态采集箱基础浇筑及立屏		
2	11月10日～13日	是	4	××4R23、××4R24 间隔正母闸刀、线路闸刀	220kV "一键顺控" 前端传感器安装及调试		
3	11月14、15日	是	2	××4R23、××4R24 副母闸刀	220kV "一键顺控" 前端传感器安装及调试		
4	11月16、17日	是	2	××23P0 线、#1 主变 220kV 副母闸刀、线路闸刀	220kV "一键顺控" 前端传感器安装及调试		
5	11月18、19日	是	2	××23P0 线、#1 主变 220kV 正母闸刀	220kV "一键顺控" 前端传感器安装及调试		
6	11月20、21日	是	2	××23P1 线、#2 主变 220kV 正母闸刀、线路闸刀	220kV "一键顺控" 前端传感器安装及调试		

序号	日期	是否停电	工期（天）	间隔及设备	工作内容	施工单位	备注
7	11月22、23日	是	2	××23P1线、#2主变220kV副母闸刀	220kV"一键顺控"前端传感器安装及调试		
8	11月24、25日	是	2	××2U00线、××23T6线、#3主变220kV副母闸刀、线路闸刀	220kV"一键顺控"前端传感器安装及调试		
9	11月26~29日	是	4	××2U00线、××23T6线、#3主变220kV正母闸刀	220kV"一键顺控"前端传感器安装及调试		

第二节　改造工程实施案例

一、案例概述

以××供电公司GIS智能化变电站220kV××变电站为例进行介绍。

本工程计划结合××变电站220kV设备停电综检，主要开展220kV"一键顺控"改造，110kV完成前期不停电准备工作（包括新立3面接收屏和至公用测控装置回路完善）。变电站闸刀状态"双确认"改造共136把闸刀（备用间隔未计入），分布在220kV GIS区域、110kV GIS室。变电站一次系统图如图5-10所示。

110kV部分为西安西电三工位闸刀及线路接地闸刀，共48把（不含线路接地闸刀及备用），其中在用闸刀24把；在用地刀24把。本次三工位机构箱内刀闸"双确认"传感器共48个点，计划安装于闸刀机构箱内部移动触头处，见图5-11。

220kV部分为北京博纳三工位闸刀、双工位闸刀及线路接地闸刀，共88把闸刀（闸刀、地刀分开计算且不含备用）；其中三工位在用闸刀32把，双工位在用闸刀10把，线路地刀14把，考虑采集信号的可靠性，每把地刀安装3个传感器。上述刀闸"双确认"传感器共126个点。三工位闸刀及双工位闸刀"双确认"传感器记84个点，计划安装闸刀机构箱内部旋转轴处；线路接地闸刀"双确认"传感器42个点，计划安装于闸刀摆臂处，见图5-12和图5-13。

变电站"一键顺控"程序化操作闸刀"双确认"系统架构如图5-14所示。各类传感器从闸刀本体或操作机构箱采集闸刀状态信号后，上送给闸刀接收装置，在接收装置中进行相关的逻辑计算与判断得到闸刀的当前状态，再通过开出输出把闸刀的状态上传给测控装置或就地装置，最终上送到监控系统处理。此外也有通过通信方式直接将闸刀状态上送给辅控系统的方案。

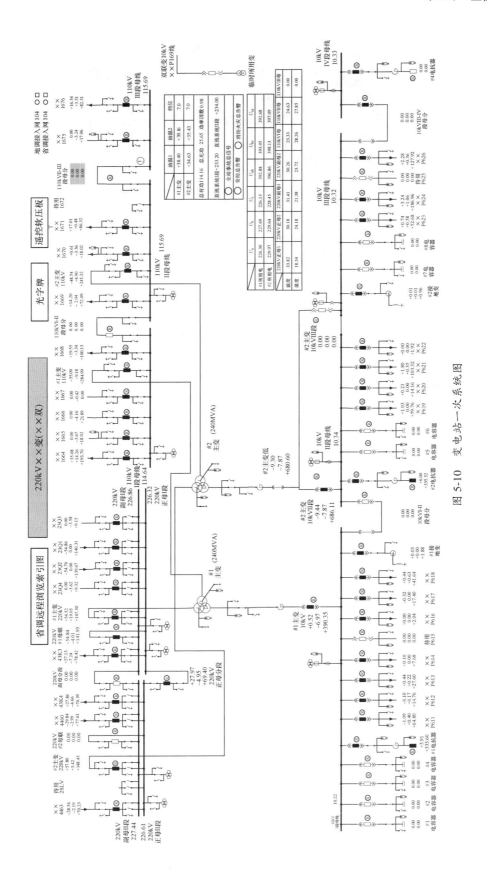

图 5-10 变电站一次系统图

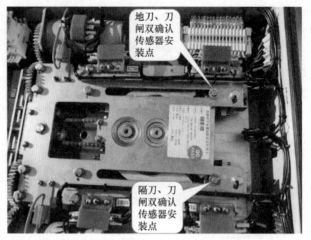

图 5-11　110kV GIS 三工位闸刀"双确认"传感器安装位置指示图

图 5-12　220kV GIS 三工位及双工位闸刀"双确认"传感器安装位置指示图

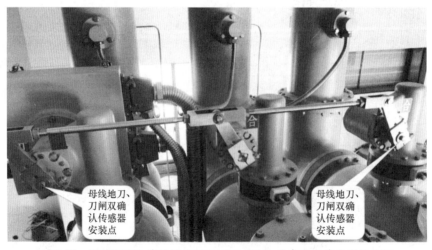

图 5-13　220kV GIS 线路接地闸刀"双确认"传感器安装位置指示图

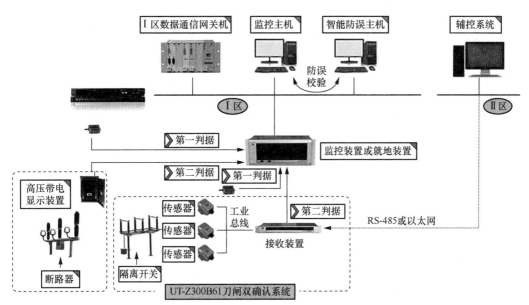

图 5-14 变电站"一键顺控"或程序化操作闸刀"双确认"系统架构

根据《国网××电力有限公司关于印发进一步推进变电站一键顺控建设应用工作方案的通知》（浙电设备〔2022〕779 号），对于户外 AIS 闸刀或主变压器中性点宜采集姿态传感器进行闸刀状态采集，其安装简单、方便，施工、调试快速；对于 GIS 闸刀机构箱等空间有限情况，宜采集磁感应传感器进行状态采集，其传感器体积小，便于配合已安装闸刀现有机械结构做针对性设计，同时因其无对一次设备干扰最小，可实现信号稳定采集。因××变 220kV、110kV 侧均采用 GIS 闸刀机构箱，故均采用磁感应传感器。

二、安全措施

（1）严格执行《安规》、省公司下发《变电检修现场安全管理规定》等规章制度；严格执行工作票制度；自觉抵制各种习惯性违章；进入带电区域严格控制和带电部位的安全距离：220kV＞3m，110kV＞1.5m，10kV＞0.7m。

（2）全面开展外协施工单位的"六同步"工作：即同步开展现场踏勘、同步制定施工方案、同步开展现场交底、同步监督安全质量、同步实施安全稽查、同步开展总结评价。施工单位参与现场踏勘，制定施工方案，现场交底等工作。

（3）认真执行"三交两查"制度。现场带队负责人必须对每天工作任务、安全注意事项等进行交底，检查劳动保护状况，同时还应列出一天工作地点，邻近带电运行设备区域的危险点，告知并做好相应的控制和防范措施；每日开工前由工作票负责人组织召开现场站班会，对所有参建人员（包括外协人员）进行现场交底。

（4）严格执行有关的继电保护及电网安全自动装置检验规程、规定和技术标准。控制盘、继电盘、交直流盘等，电缆穿孔应堵死。工作间断应采取临时措施将孔洞堵死。应有防止联跳回路误动的安全措施。认清设备位置，严防误碰其他运行设备。

（5）认真执行继电保护安全措施票，对工作中需要断开的回路和拆开的线头应在与监护人核对后，逐个拆开并用绝缘物包好，做好标志，恢复时履行同样的手续，逐个打开绝缘物后接好，并做好标记，防止遗漏。

（6）现场工作开始前，应检查已做的安全措施是否符合要求，运行设备和检修设备之间的隔离措施是否正确完成，工作时还应仔细核对检修设备名称，严防走错位置。

三、"一键顺控"现场技术方案

1. 闸刀"双确认"传感器设计方案

××变电站"双确认"改造，按照刀闸操作机构结构不同，安装方式分为西安西电闸刀机构箱内安装、北京博纳江闸刀机构箱内安装、北京博纳闸刀摆臂安装 3 种，需分别采用不同的闸刀"双确认"传感器安装方案。

（1）220kV GIS 北京博纳三工位、双工位闸刀机构箱内刀闸"双确认"传感器安装方案。

1）采用磁感应传感器，传感器组件结构定制并安装于闸刀机构箱内，主轴机构安装板正面，安装前需拆除北京博纳已安装在此处的微动开关，见图 5-15。

2）感应元件跟随机构箱内传动杆一起旋转运动。

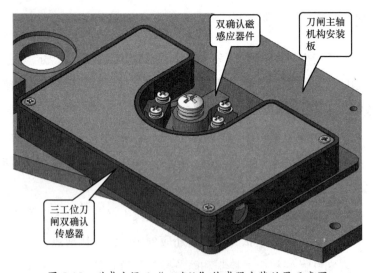

图 5-15　磁感应闸刀"双确认"传感器安装效果示意图

（2）220kV GIS 北京博纳母线地刀摆臂处闸刀"双确认"传感器安装方案。

1）采用磁感应传感器，传感器组件结构定制并安装于地刀摆臂处，见图 5-16。

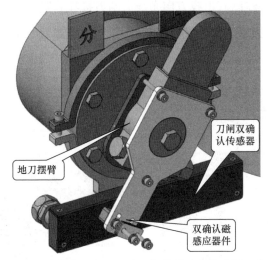

图 5-16　磁感应刀闸"双确认"传感器安装效果示意图

2）感应元件跟随地刀摆臂一起运动。

2. 闸刀接收装置安装

（1）闸刀接收装置安装位置。220kV GIS 室处，220kV 闸刀接收装置及其配套器件计划安装于现场各间隔前的汇控柜内。汇控柜内需增加的器件大致包括 2 个闸刀接受装置、直流微断、接线端子座、安装导轨等。

（2）闸刀接收装置柜尺寸及安装效果。闸刀接收装置、直流微断及接线端子等器件采用导轨式安装于柜子内部，见图 5-17。

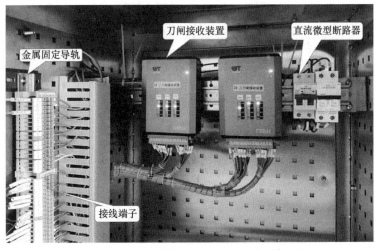

图 5-17　闸刀接收装置、接线端子座安装示意

3. 闸刀"双确认"用线缆铺设

闸刀"双确认"传感器至闸刀接收装置连线采用密封型金属包塑软管走线，通过现场已有的线槽或 GIS 罐体已有走线方向布线。闸刀接收装置到智能终端或主控室测控装置的连线一般采用带铠屏蔽线,沿现场线缆沟走线。几种常见走线示意如图 5-18～图 5-20 所示。

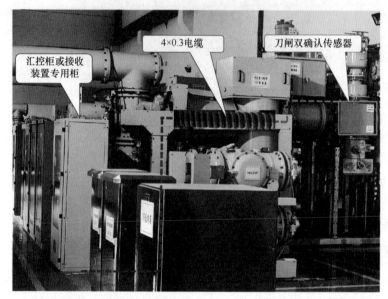

图 5-18　GIS 设备闸刀"双确认"传感器至接收装置走线示意图

图 5-19　接收装置柜至测控装置走线示意图

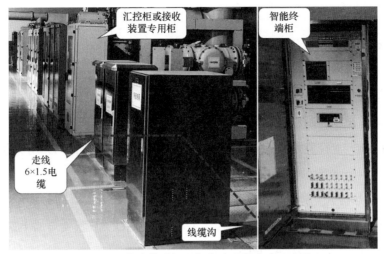

图 5-20　接收装置柜至智能终端柜走线示意图

4. 调试接入

调试接入系统结构如图 5-21 所示。

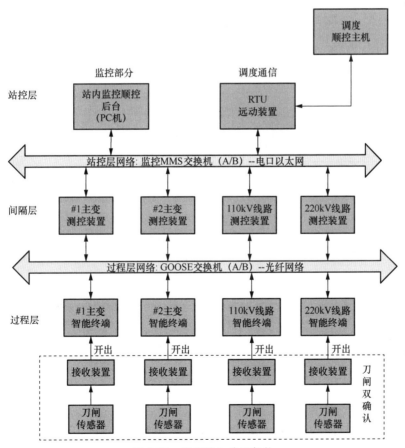

图 5-21　调试接入系统架构

（1）接入智能终端。

1）220kV GIS 机构箱闸刀典型的"双确认"接线原理如图 5-22 所示，图中以一个机构箱为例，包含闸刀和接地闸刀（需要时安装）；

2）闸刀状态传感器与接收装置连接采用 $2 \times 2 \times 0.3m^2$ 阻燃屏蔽电缆；考虑采集信号的稳定性，电缆长度控制在 40m 以内；

3）接收装置与测控装置连接采用 $4 \times 1.5m^2$（或 $12 \times 1.5m^2$，多闸刀共用）阻燃屏蔽电缆。

（2）接入测控装置。

1）智能终端接入测控装置时采用光纤网络连接；

2）闸刀位置状态按开入虚端子形式，采用 61850GOOSE 报文定时上送；

3）走现在通道，不需要做任何改变。

（3）远动上送集控。

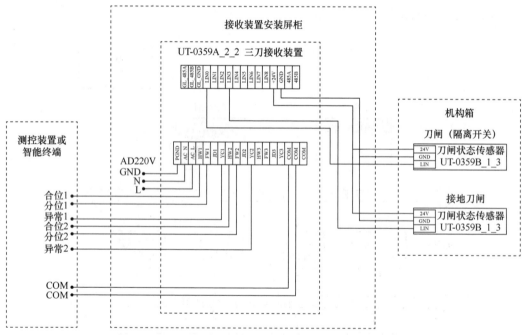

图 5-22　220kV GIS 机构箱刀闸典型的"双确认"接线原理

1）远动装置作为 61850 客户端，从相应测控装置定制报告；

2）闸刀状态采用 61850 标准 MMS 通信报文，通过变化或总召上送；

3）走现在通道，不需要做任何改变；

4）远动装置通过 IEC 104 规约将设备状态上送给调度的监控主机，作为顺控操作（程序化操作）状态确认。

四、施工计划

220kV 部分 18 个间隔施工计划见表 5-4。

表 5-4　　　　　　　　　　　220kV 部分 18 个间隔施工计划

序号	日期	是否停电	工期（天）	间隔及设备	工作内容
1	2 月 6～17 日	否	12		"一键顺控"公用测控屏直流电缆敷设及上电；220kV 各间隔汇控柜至公用测控装置"一键顺控"电缆两端接线；监控后台系统 220kV 各间隔"一键顺控"功能完善。包括： （1）新公用测控屏至交直流电源屏放线及搭接。 （2）新立公用测控屏、接收屏接线到端子排（电缆两端）。 （3）监控后台系统 220kV 各间隔"一键顺控"功能完善（数据库、画面制作）。 （4）新立公用测控屏装置调试。 （5）至站控层中心交换机接线
2	2 月 20～26 日	是	7	#2 主变 220kV、220kV#2 母联间隔、正母Ⅱ段压变、副母Ⅱ段压变、副母分段、正母分段	220kV 正母Ⅱ、副母Ⅱ段各间隔"一键顺控"前端传感器安装、电缆敷设、接线及功能验收
3	2 月 23～26 日	是	4		220kV 正母Ⅱ、副母Ⅱ段设备"一键顺控"验收监控后台相关工作配合
4	2 月 17～26 日	是	10		微机防误系统"一键顺控"功能升级及验收配合
5	3 月 2～9 日	是	8	220kV#1 母联、#1 主变 220kV、正母Ⅰ段压变、副母Ⅰ段压变	220kV 正母Ⅰ、副母Ⅰ段各间隔"一键顺控"前端传感器安装、电缆敷设、接线及验收
6	3 月 6～9 日	是	4		220kV 正母Ⅰ、副母Ⅰ段设备"一键顺控"验收监控后台相关工作配合
7	3 月 6～9 日	是	4		220kV 正母Ⅰ、副母Ⅰ段设备"一键顺控"验收微机防误系统相关工作配合

第三节　设备缺陷现场处置方案

一、变电站"一键顺控"操作过程常见异常处置分析

1. 电网故障或设备异常

电网发生事故或重大设备异常需紧急处理时，运维站应立即停止顺控操作，优先配合调控中心进行事故或异常处理。待处理告一段落后，操作人、监护人应再次核对运行

方式、操作票执行情况后方可进行后续操作。如需改由现场继续进行倒闸操作，应汇报当值调控人员，由当值调控人员重新下达调度指令。

2. 辅助监控系统异常

（1）顺控操作票拟票前应对顺控操作条件进行确认，应提前通过辅助综合监控视频系统的预置序列核查视频功能是否正常。

（2）遇到辅助综合监控系统异常或视频探头异常等情况，应及时上报缺陷并联系维护单位进行处理。若待操作间隔视频无法在顺控操作前恢复正常工作、无法查看刀闸位置到位时，根据现场运维人员配合情况，优先采取远方操作，由现场运维人员确认 AIS 设备到位情况。

3. 闭锁信号告警异常

（1）顺控模拟预演阶段闭锁信号告警，操作人员应立即通过辅助监控系统或通知现场运维人员检查。确认无异常或经现场检查处置异常已消除后，可在核对调度指令及一、二次设备运行方式后重新执行模拟预演流程。

（2）运维人员应在操作前做好拟票审核预演工作，在预演阶段对弹出质量位异常信号应认真核对检查。对于不影响正常顺控的信号及时通知自动化解除该信号相关不正常的质量位，对于影响正常顺控的信号应对该信号进行检查，确认是由于现场设备导致的信号异常应及时上报缺陷处理。

（3）顺控执行阶段闭锁信号告警，操作人员应根据告警性质进行检查处理。

1）如告警由全站事故总信号引起，顺控程序中断并等待确认，操作人员应立即通过辅助监控系统或通知现场运维人员检查，确认无异常后继续顺控操作；

2）如告警由其他事故类或异常类信号引起，顺控程序终止。操作人员应立即通知运维人员检查现场设备情况，根据检查情况决定是否继续操作。

4. 顺控人机系统异常

（1）运维人员应按照实名制进行顺控操作系统主机登录，操作前应再次进行登录，以防止遥控不成功。

（2）各运维主站在应用顺控操作系统进行遥控或顺控操作时，对使用过程中存在的系统方面问题：发生系统卡顿、人机故障等问题应第一时间反馈系统维护人员。

5. 现场设备异常

（1）远方顺控操作由于一般类闭锁信号导致顺控预演暂停的，远方操作人员通过调控系统检查或者现场运维人员确认，确定不影响远方顺控操作的，可继续进行顺控预演。

（2）远方顺控操作异常，经检查确认为顺控应用功能异常等不影响远方遥控操作的，应向当值调控人员汇报，申请下达单项令或综合令通过远方遥控继续完成操作。

（3）远方操作异常，经检查确认设备缺陷同时影响远方及现场就地操作的（如刀闸卡涩、辅助触点接触不良及遥控闭锁控制器损坏等也影响现场操作类缺陷），运维站操作人员应根据设备状态，结合现场消缺需求，决定是否向当值调控人员申请恢复成下令前状态进行消缺。待消缺结束后，优先向远方操作人员下达单项令或综合令继续完成操作。

（4）远方操作刀闸出现拉弧放电的紧急情况时，远方操作人员可根据情况采取试分/合刀闸一次。通过远方试分/合刀闸不成功且继续弧时，运维站通知现场运维人员立即到达现场，根据现场实际情况将刀闸拉开/合上；并向当值调控人员汇报，申请下达单项令或综合令通过远方遥控继续完成操作。

6. 顺控操作异常缺陷闭环管理

（1）所有顺控操作不成功事件，运维人员应及时填报设备缺陷（或依据调控人员推送的缺陷进行缺陷填报），运维人员还应将缺陷向调度发令人员报备，并统一由调度监控人员根据需要将远方操作不成功的设备在调控系统上挂"禁止遥控"标示牌闭锁该设备远方操作功能，同时下放受影响设备遥控权。

（2）各运维站应对缺陷进行跟踪，及时联系相关部门（厂家）进行消缺工作。在消缺自验收后，应与省调控人员进行核对并验收，验收合格后由监控人员收回遥控权。在影响顺控远方操作缺陷未消除期间，涉及缺陷间隔的操作应注意提前与省调控人员沟通采用下达单项令或综合令通过远方遥控完成操作。

由于种种原因，一键式顺控操作过程不可避免的还会出现影响操作进程的异常事件。只有持续对其跟踪、统计、上报、分析，才能不断对顺控操作系统乃至变电站设备进行完善。同时，也应及时制定相关异常处置方案，当操作过程中发生的异常或故障进行操作，才能用有效的处置策略确保电网及设备的安全。

第四节　设备异常中断现场处置原则

"一键顺控"设备异常中断主要存在以下三个方面，即：生成操作任务中断、智能防误校核中断和"一键顺控"操作中断。

1. 生成操作任务中断处理原则

生成操作任务中断，应根据监控主机提示内容，检查操作票、相关设备状态，排除异常后，方可继续"一键顺控"操作。

2. 智能防校误核中断处置原则

（1）智能防误校核超时，应首先检查智能防误主机与监控主机通信状态，若排除故障，则继续进行"一键顺控"操作，若故障原因未查明，则转入常规操作。

（2）智能防误校核失败，应根据失败原因提示，检查"一键顺控"操作票、防误逻辑、相关设备状态，排除异常后，继续进行"一键顺控"操作。

（3）智能防误系统发生异常，可转入常规操作，或在消除缺陷后，再进行"一键顺控"操作。

3. "一键顺控"操作中断处置原则

（1）"一键顺控"操作过程中发生中断，应立即停止"一键顺控"操作，原因未查明前，不得继续"一键顺控"操作，主设备无异常情况下可转常规操作。

（2）因监控主机故障导致操作中断，在排除故障后，可继续进行"一键顺控"操作，若故障暂时无法消除，则转入常规操作，并将已执行步骤列入常规操作票作为检查项。

（3）因"双确认"装置异常导致操作中断，应现场核实设备状态，确已到位后继续执行"一键顺控"操作，并填报缺陷记录。

"一键顺控"设备异常中断处置流程如图 5-23 所示。

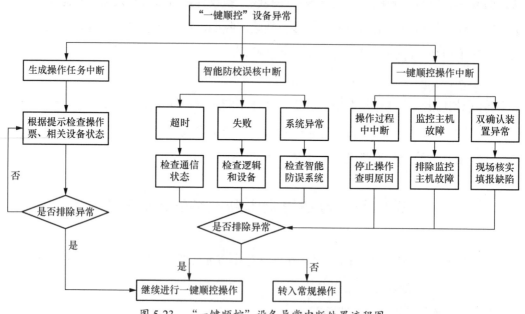

图 5-23　"一键顺控"设备异常中断处置流程图

附　　录

附录 A　变电站"一键顺控"系统例行巡视作业卡

1. 作业信息

变电站	＿＿＿变	工作时间	年　月　日　时　分 至 年　月　日　时　分	作业卡 编号	设备维护 ＿＿＿＿＿

2. 工序要求

序号	关键工序	质量标准及要求	风险辨识与预控措施	检查情况
1	检查前的准备工作			
1.1	工具准备	巡视前准备钥匙，相关工器具等		
1.2	安全准备	巡视人员正确使用劳动防护用品，戴安全帽，穿绝缘鞋		
2	检查的实施工作			
2.1	"双确认"装置	（1）"双确认"装置安装牢固，外观正常，摄像头无断电等明显异常； （2）接收装置运行良好，显示正常； （3）电缆穿线的波纹管完好，无破损、锈蚀； （4）采用视频作为"双确认"判据的，核实视频上传位置正确	1. 严禁误动运行的二次设备； 2. 与带电部分保持足够的安全距离	
2.2	智能防误系统	（1）无黑屏、花屏或死机； （2）相关设备命名、状态跟实际一致； （3）跟监控后台通信正常	禁止违规外联	
2.3	监控主机、二次相关设备等	（1）监控主机运行正常，无其他可见的异常信号； （2）各间隔刀闸"双确认"位置上传是否正确； （3）后台机指示站内各设备通信正常； （4）测控或智能终端面板指示正常、无告警灯及异常报文； （5）测控、智能终端及相关电缆无异常声音和气味； （6）测控或智能终端无通信中断情况	1. 禁止违规外联； 2. 防止误遥控出口	
3	结束工作	（1）将检查情况详细向值长报告； （2）做好 PMS 相关记录		
	备注			

3. 签名确认

工作人员签名	

4. 执行评价

工作负责人签名：

附录 B　变电站"一键顺控"系统全面巡视作业卡

1. 作业信息

变电站	____变	工作时间	年　月　日　时　分 至 年　月　日　时　分	作业卡 编号	设备维护 _____ _____

2. 工序要求

序号	关键工序	质量标准及要求	风险辨识与预控措施	检查情况
1	检查前的准备工作			
1.1	工具准备	巡视前准备钥匙，相关工器具等		
1.2	安全准备	巡视人员正确使用劳动防护用品，戴安全帽，穿绝缘鞋		
2	检查的实施工作			
2.1	"双确认"装置	1. "双确认"装置安装牢固，外观正常，摄像头无断电等明显异常； 2. 接收装置运行良好，显示正常； 3. 电缆穿线的波纹管完好，无破损、锈蚀； 4. 采用视频作为"双确认"判据的，核实视频上传位置正确； 5. 视频预置位核查正确	1. 严禁误动运行的二次设备； 2. 与带电部分保持足够的安全距离	
2.2	智能防误系统	1. 无黑屏、花屏或死机； 2. 相关设备命名、状态跟实际一致； 3. 跟监控后台通信正常； 4. 数据库的备份文件为最新； 5. 现场锁具无锈蚀，能正常开启； 6. 现场锁具锁牌名称清晰可见，且与一次设备正确对应； 7. 微机防误装置电脑钥匙正常运行、电池容量充足	禁止违规外联	
2.3	监控主机、二次相关设备等	1. 监控主机运行正常； 2. 各间隔二次设备无异常告警信号； 3. 各间隔刀闸"双确认"位置上传正确； 4. 监控主机各设备通信正常； 5. 监控主机无其他可见的异常信号； 6. 智能变电站后台指示 GOOSE 链路图无断链告警； 7. 智能变电站后台指示 SV 链路图无断链告警； 8. 测控或智能终端面板指示正常、无告警灯及异常报文； 9. 测控或智能终端无通信中断情况； 10. 测控、智能终端及相关电缆无异常声音和气味； 11. 测控、智能终端及相关电缆端子排接线紧固，测温无异常； 12. 检查最近一次巡视后的未复归报文是否有异常情况，没有异常请复归	1. 禁止违规外联； 2. 误遥控出口	
3	结束工作	1. 将检查情况详细向值长报告； 2. 做好 PMS 相关记录		
	备注			

3. 签名确认

工作人员签名	

工作负责人签名：

附录 C "一键顺控"操作流程

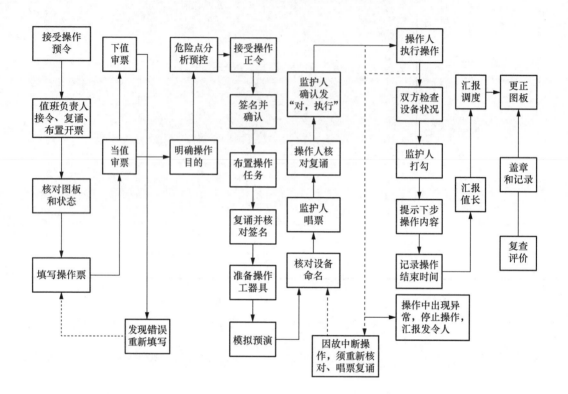

附录 D "一键顺控"操作票示例

变电站（发电厂）倒闸操作票

单位：220kV ××变电站   编号：2023120001

发令人		受令人		发令时间		年　月　日　时　分
操作开始时间：	年　月　日　时　分		操作结束时间：		年　月　日　时　分	

（　）监护下操作	（　）单人操作	（　）检修人员操作

操作任务	××线由正母运行改为冷备用	
顺序	操 作 及 检 查 项 目	√
1	抄录××线开关三相电流：A 相安，B 相安，C 相安	
2	拉开××线开关	
3	检查××线开关确在分闸位置（机械位置指示分闸、电气指示分闸、遥测值为零、遥信显示分闸）	
4	选择××线由正母热备用改为冷备用"一键顺控"任务	
5	××线由正母热备用改为冷备用"一键顺控"任务模拟预演	
6	执行××线由正母热备用改为冷备用"一键顺控"任务	
7	检查××线开关确在正母热备用	
8	拉开××线线路闸刀	
9	检查××线线路闸刀确在分闸位置	
10	拉开××线正母闸刀	
11	检查××线正母闸刀确在分闸位置	
12	检查××线由正母热备用改为冷备用"一键顺控"任务执行完成	
13	检查 220kV 第一套母差保护××线正母闸刀、副母闸刀均为分闸位置	
14	按下 220kV 第一套母差保护装置信号复归按钮 1FA，刀闸告警灯确已熄灭	
15	检查 220kV 第二套母差保护××线正母闸刀、副母闸刀均为分闸位置	
16	按下 220kV 第二套母差保护装置信号复归按钮 1FA，刀闸告警灯确已熄灭	
17	断开××线线路压变第一组二次空气开关 1-13ZKK	
18	断开××线线路压变第二组二次空气开关 2-13ZKK	
19	退出××线开关第一套母差保护跳闸出口 GOOSE 软压板 1CLP11，并检查	
20	退出××线开关失灵启动第一套母差保护开入 GOOSE 软压板 1SLP11，并检查	
21	退出××线开关第二套母差保护跳闸出口 GOOSE 软压板 2CLP11，并检查	
22	退出××线开关失灵启动第二套母差保护开入 GOOSE 软压板 2SLP11，并检查	

存在风险及预控措施：详见风险辨识预控措施卡

备　注：一键顺控操作

拟票人：　　　　　　　　　审票人：

操作人：　　　　　　　　　监护人：　　　　　　　　　值班负责人（值长）：

附录 E "一键顺控"相关设备缺陷库

序号	设备名称	缺陷内容	缺陷等级	备注
1	智能防误系统	通信中断或异常	严重	
2	智能防误系统	间隔名称错误	严重	
3	智能防误系统	花屏（不影响操作）	一般	
4	智能防误系统	（含防误主机、智能防误软件）故障或异常	严重	
5	智能防误系统	校核中断	严重	
6	智能防误系统	防误逻辑错误	危急	
7	监控主机	花屏（不影响操作）	一般	
8	监控主机	黑屏、死机或无法启动	危急	所有主机均死机
9	监控主机	黑屏、死机或无法启动	严重	仍有一台可正常操作
10	监控主机	硬件故障	严重	
11	监控主机	与智能防误主机通信中断	严重	
12	监控主机	无法调取操作票	严重	
13	监控主机	设备状态不跟随现场设备变化	严重	
14	监控主机	防误逻辑错误	危急	
15	监控主机	"一键顺控"操作命令无法发送	严重	
16	监控主机	"一键顺控"系统间隔分图名称错误	一般	
17	监控主机	"一键顺控"系统间隔名称错误	严重	
18	监控主机	间隔操作条件、设备态、目标态错误	严重	
19	"一键顺控"操作	预演、执行过程中未经内置防误、智能防误系统双校核	危急	
20	"一键顺控"操作	成票功能异常	严重	
21	"一键顺控"操作	发生五防校验失败、操作条件不满足时无法可靠终止	危急	
22	"一键顺控"操作	视频联动失败	严重	
23	"一键顺控"操作	双判据错误或无双判据逻辑	危急	操作对象判据错误
24	"一键顺控"操作	"一键顺控"界面无法调用	严重	"一键顺控"界面无法进入
25	微动开关	卡涩、锈蚀、破损	严重	微动开关卡涩导致闸刀位置判断不准确
25	微动开关	卡涩、锈蚀、破损	危急	微动开关卡涩影响闸刀分合闸
26	微动开关	固定位置松动	严重	固定位置松动导致闸刀位置判断不准确
26	微动开关	固定位置松动	危急	固定位置松动影响闸刀分合闸
27	微动开关	接点接触不良	严重	
28	微动开关	内部弹片机械疲劳，失效	严重	
29	微动开关	端子箱密封不严受潮，未引起直流接地	一般	

序号	设备名称	缺陷内容	缺陷等级	备注
30	微动开关	关联错误	严重	
31	微动开关	信号电缆破损	严重	电缆老化、破损
			危急	电缆破损造成直流接地
32	视频识别	视频信号中断	严重	
33	视频识别	预置位偏移	严重	
34	视频识别	关联错误	严重	
35	视频识别	画面模糊	一般	画面模糊程度不影响闸刀位置判断
			严重	画面模糊程度导致闸刀位置判断不准确
36	视频识别	摄像头故障	严重	
37	视频识别	闸刀位置算法系统故障	严重	
38	磁感应传感器	外观破损、锈蚀	一般	针对安装于机构箱外部的磁感应传感器
39	磁感应传感器	动作机构卡涩、锈蚀、破损	严重	动作机构卡涩、锈蚀导致闸刀位置判断不准确
			危急	动作机构卡涩、锈蚀影响闸刀分合闸
40	磁感应传感器	动作机构断裂	严重	动作机构断裂导致闸刀位置判断不准确
			危急	动作机构断裂影响闸刀分合
41	磁感应传感器	永磁铁固定位置松动	严重	
42	磁感应传感器	磁感应器件位置偏移	严重	
43	磁感应传感器	端子箱密封不严受潮,未引起直流接地	一般	
44	磁感应传感器	关联错误	严重	
45	磁感应传感器	信号电缆破损	严重	
46	磁感应接收装置	装置异常灯亮	严重	
47	磁感应接收装置	闸刀位置指示灯不亮	一般	指示灯不亮,闸刀位置后台显示正确
			严重	指示灯不亮,闸刀位置后台无显示
48	磁感应接收装置	闸刀分、合位置指示灯均亮	严重	